일본 주말 여행

가나자와
시모노세키
기타큐슈공항
기타큐슈
후쿠오카공항
야나가와
돗토리
효고
교토
시마네
오카야마
아리마
고베
히로시마
구라시키
야마구치
오사카
가가와
에히메
후쿠오카
유후인
오이타
나가사키
아소
구마모토
구로카와
간사이공항
가고시마
미야자키

삿포로
신치토세공항
오타루
아사히가와
후라노
홋카이도
노보리베츠
하코다테
아오모리
아키타
이와테
야마가타
미야기
구사츠
니가타
후쿠시마
닛코
도치기
군마
나가노
이바라키
사이타마
가와고에
다카야마
야마나시
도쿄
지바
가나가와
시즈오카
나리타공항
가마쿠라
하코네
아타미
나고야
추부공항

일본 주말 여행

1년이 즐거워지는
든든한 주말 여행
BEST 코스 20

사진과 글 **이형준**

즐거운상상

초판 작가의 말

선물같은 소도시와 작은 마을을 만나는 행복한 일본 주말 여행

27년 전 처음 도쿄에 간 이후 지금까지 100여 번 이상 일본을 여행했다. 단행본《일본 스토리 여행》과《일본 온천 료칸 여행》을 출간했고, 신문과 잡지에 기고한 횟수만도 수백 차례에 이른다. 이 책은 일본을 소재로 한 나의 세 번째 책인 셈이다.

지금까지 20여 권의 단행본을 썼지만 대부분《유럽동화마을》,《유네스코 세계문화유산시리즈》등 테마가 있는 여행서였다. 반면 이 책은 짧은 일정으로 일본 전역을 돌아볼 수 있는 여행 코스를 담은 가이드북이다.

20개 코스 중에는 교토나 오사카, 도쿄처럼 친숙한 도시도 있지만, 츠마고와 마고메, 시라카와고 등 생소한 시골 마을도 있다. 대도시에서 한두 시간만 벗어나면 풍부한 자연과 문화를 지닌 아름다운 여행지들이 많다. 조금만 더 발을 넓히면 보석처럼 반짝이는 소도시와 시골 마을을 만날 수 있는 것이다. 이 책에서 소개하는 20개 코스가 바로 그런 곳들이다.

대부분 서너 번, 혹은 열 번 이상 여행한 곳들이다. 26년 동안 일본 각지를 여행하며 전통문화와 여행지로서의 낭만이 공존하는 곳을 숙고를 거듭한 끝에 정리한 셈이다. 바쁜 도시 생활자들이 주말이나 연휴를 이용해 가벼운 마음으로 충전할 수 있는 코스를 담아내려고 노력했다.

일본은 어느 나라보다 가깝고 교통이 편리하며, 안전하고 편하게 여행할 수 있다는 점이 매력적이다. 일본만큼 짧은 시간과 저렴한 비용으로, 남녀노소 누구나 자유여행을 만끽할 수 있는 곳도 드물다. 특히 많은 저가항공사들이 취항하면서 어느 때라도 부담없이 여행할 수 있는 여행지가 되었다.

이 책이 일본 여행을 준비하는 독자들이 알찬 여행지를 선별하는데 도움이 되고 보다 큰 만족을 주기를 바란다. 집필을 결정한 지난해 봄부터 올봄까지 네 차례 더 일본을 찾았다. 상세한 교통정보 등을 담으려고 노력하였는데, 부족한 부분이 있을지도 모르겠다. 다양한 정보와 도움을 준 JNTO서울사무소와 세심한 부분까지 배려해 준 즐거운상상 가족들에게 고마움을 전한다.

벚꽃이 비가 되어 내리는 봄날에

이형준

개정판 작가의 말

언제든 훌쩍 떠날 수 있는 즐거운 일본 주말 여행

2020년 1월 발생한 코로나 팬데믹 3년은 여행자에게 그야말로 암흑기에 가까운 시간이었다. 여러 국가에서 코로나를 풍토병으로 인정하면서 다시 자유롭게 여행할 수 있게 되었다.

2023년 7월과 12월, 2024년 4월 세 차례 일본여행을 다녀왔다. 코로나는 일본에도 커다란 변화를 가져왔다. 아날로그 시스템으로 유명한 일본 출입국 심사, 세관 심사도 온라인으로 전환되었으며 우리나라 방문객이 크게 늘면서 대부분의 여행 관련 사이트에서 한글을 지원하는 등 이전보다 편리하게 여행할 수 있게 되었다.

《일본 주말 여행》 출간 10년을 맞아 여행할 때마다 책에 수록한 주요 명소와 교통편을 확인해 보았는데 일부 투어 상품이 사라진 것을 제외하면 크게 달라지지 않았다. 교통 요금과 음식, 입장료, 기념품 가격은 10년 전에 비해 10~15% 정도 상승한 수준으로 물가 부담도 크지 않았다. 다만 주요 대도시 숙박 요금과 JR 패스는 다른 비용에 비해 상승폭이 컸다.

일본은 이색적이고 드라마틱한 여행지는 아니지만 2박 3일, 3박 4일이라는 한정된 시간에 다른 문화를 경험할 수 있다는 것이 매력이다. 여러 지역을 연결하는 항공편과 잘 갖추어진 편리한 대중교통 등 다양한 인프라도 돋보인다. 무엇보다 중요한 치안을 빼놓을 수 없다. 도시와 시골을 불문하고 대체로 안전하게 자유롭게 여행할 수 있는 것이 일본 여행의 최대 장점이다.

더불어 빠르게 발전하는 IT 기술 덕에 일본어를 잘 몰라도 스마트폰 하나만 있으면 원하는 목적지를 어렵지 않게 찾아갈 수 있고 통번역 기술 발달로 언어적 불편도 상당 부분 해소되어 더욱 가볍게 떠날 수 있다.

새롭게 개정한 이 책이 일상에서 소소한 즐거움을 만끽할 수 있는 일본 여행을 계획하고 준비하는 여행자에게 길잡이가 되길 희망한다.

2024년 봄, 일본에 다녀와서

이형준

* 이 책에 실린 내용은 작가가 여행하면서 취재한 정보를 바탕으로 했습니다. 실제 여행할 때는 변동될 수 있습니다. 교통편 및 도보 소요시간은 현지에서 반드시 재확인하길 권합니다.

松代屋

01

#아이치현 나고야 #기후현 마고메 #나가노현 츠마고

시골 역참마을로 빈티지 여행

에도시대 에도(도쿄)와 교토를 연결하던 나카센도(中山道)의 일부분을 걸어 보는 것은 어떨까? 200~300년이 지난 지금도 다이묘나 무사들, 참배객들이 걸던 길과 쉬어가던 역참마을이 남아있는 곳. 바로 나기소 지역의 츠마고와 마고메주쿠 마을이다. 대부분의 역참마을은 근대화와 산업화의 바람에 밀려 사라졌지만 이곳은 당시 집과 상점, 관리자 숙소 등이 그대로 남아 있다. 산촌의 풍습대로 사는 작은 마을 사람들. 보이는 것은 산과 나무, 하늘, 길, 그 위에 집들…. 마고메와 츠마고 역참마을을 걷다보면 마음 한켠이 따뜻해지고 몸 구석구석 환하게 밝아오는 듯한 느낌이다. 역참마을을 잇는 트레킹 코스가 잘 되어 있어 봄·가을에 걸어서 마고메와 츠마고에 간다면 잊지 못할 여행이 될 것이다.

***2박 3일 추천 일정** 나고야 추부공항(IN) - 나고야(1박) - 마고메 - 츠마고(1박) - 나고야 추부공항(OUT)

***추천 시기** 봄, 여름, 가을. 나카센도와 나고야를 둘러보는 코스에서 두 얼굴의 일본을 만날 수 있다. 활기 넘치고 바쁜 도시인들과 한적한 산촌에서 소박하게 살아가는 사람들. 봄 가을은 가볍게 트레킹하기에 좋고, 여름에는 파란 하늘과 계곡이 멋있다.

***교통** 나고야에서 JR을 타고 나카츠가와역에 도착. 버스로 마고메주쿠, 츠마고 순으로 돌아보는 방법과 나고야에서 JR을 타고 나기소역에 도착, 버스로 츠마고, 마고메주쿠 순으로 돌아보는 방법이 있다. 하루에 돌아보려면 나기소까지 가는 기차가 몇 대 없어 나카츠가와로 가서 버스를 타는 편이 낫다. 돌아올 때는 나기소역에서 나카츠가와를 경유, 나고야로 온다. 나기소 출발 특급 막차는 21시9분이며, 로컬은 22시37분이다. 시간표 확인은 필수. 이 코스에 사용할 수 있는 패스는 없고 현지에서 기차표를 구입해야 한다.

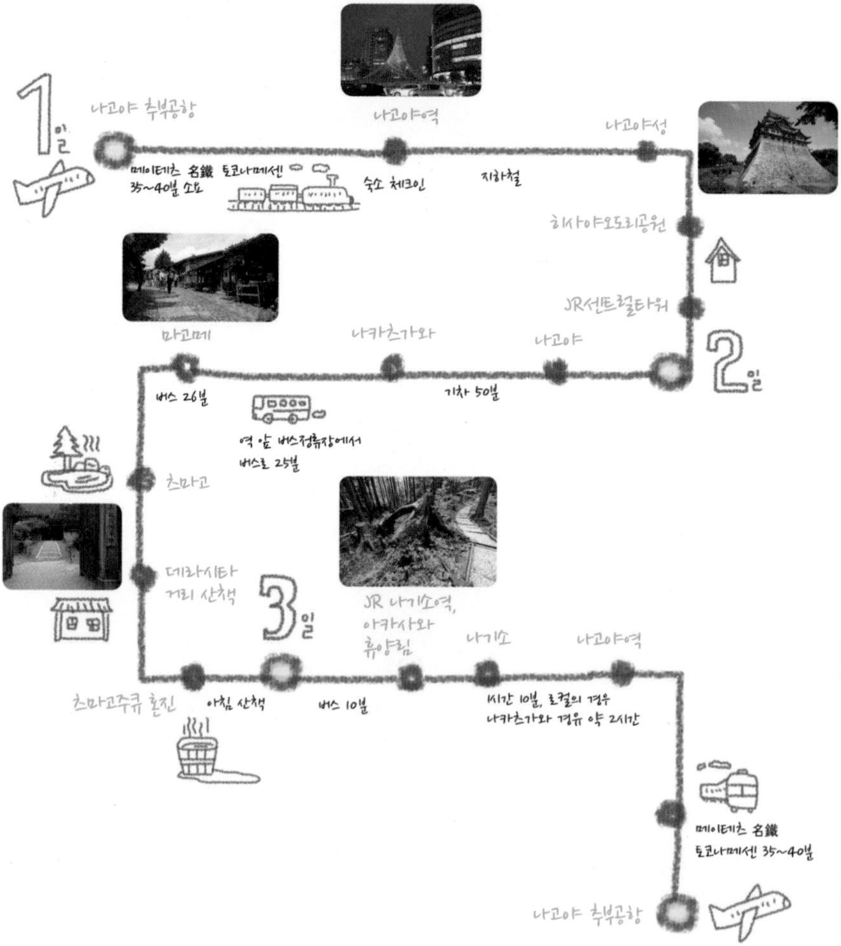

츠마고
데라시타 거리.

마고메주쿠.

*** 여행 정보**

츠마고 : tsumago.jp (한글지원)

나기소 : www.town.nagiso.nagano.jp (한글지원)

나카츠가와역에서 나와 왼편에 있는 관광안내소에서 츠마고 자료를 얻는다. 이곳에서 제공하는 나카센도 팸플릿 자료가 충실하다. 마고메주쿠행 버스 정류장은 역 광장 한편에 있는데, 배차시간이 길어 시간표를 잘 확인해야 한다.

마고메주쿠 : www.kiso-magome.com (영어지원)

나카츠가와역에서 나와 왼편에 있는 관광안내소에서 츠마고 자료를 얻는다. 이곳에서 제공하는 나카센도 팸플릿 자료가 충실하다. 마고메주쿠행 버스 정류장은 역 광장 한편에 있는데, 배차시간이 길어 시간표를 잘 확인해야 한다.

츠마고, 나기소, 마고메주쿠의 관광 사이트에 교통, 숙박, 음식점, 주요 명소 등이 상세히 수록되어 있다.

*** 교통편**

공항에서 나고야 : 추부(中部) 국제 공항역 → 메이테츠(名鐵) 나고야역

① **뮤 스카이 특급열차** : 28분 소요. 전 좌석 지정석으로 1,250엔

② **특급열차** : 35분 소요. 890엔(지정석 360엔 추가)

③ **리무진 버스** : 사카에, 후시미 등 시내까지 46~76분 소요. 1,500엔

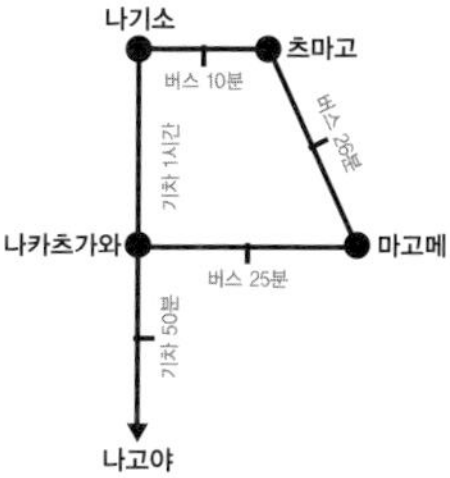

*** 숙박**

나고야역과 사카에 주변에 수백 개의 호텔과 게스트하우스가 있다. 박람회 등 행사 시기에는 미리 예약해두어야 한다. 주요 역참마을인 츠마고와 마고메주쿠에는 자그마한 료칸이 여럿 있어 하루 정도 이곳에서 묵는 것도 좋다. 한글 버전 홈페이지와 관광안내소에서 검색 후 예약 가능하다.

1 첫째 날

나고야 성 → 히사야오도리 공원 → JR센트럴타워

일본 3대 도시인 나고야. 오다 노부나가, 도요토미 히데요시, 도쿠가와 이에야스가 태어나고 자란 역사 도시로, 400년 전 도쿠가와 이에야스가 아홉 번째 아들을 위해 이곳에 마을을 옮기고 성을 지으면서 지금의 번성한 도시가 되었다. 나고야성, 오스칸논, 도쿠가와 미술관, 도쿠가와엔 등에서는 무사 문화를 느낄 수 있고, 텔레비전탑, 유리로 된 '물의 우주선'이 있는 오아시스 21 등이 있는 히사야오도리 공원, 도요타 뮤지엄, 과학관, 수족관 등 현대적인 볼거리도 많다. 4시간 정도 여유가 있다면 나고야 성을 중심으로 한 주요 명소를 둘러보고, 하루 정도 여유가 있다면 도요타 뮤지엄을 비롯 오스칸논까지 여러 곳을 둘러볼 수 있다. 또한 미소가츠, 3가지 방법으로 먹는 장어덮밥인 히츠마부시, 나고야산 닭고기 요리인 코친 등 독특한 먹거리도 있다.

히사야오도리 공원

www.nagoyajo.city.nagoya.jp : 나고야 도심의 허파와 같은 공원이다. 남북으로 2킬로미터에 달하는 긴 직사각형 공원으로, 꽃시계와 화단, 조각분수, 기념비, 텔레비전탑, 근처에 시외버스터미널이 있는 오아시스 21 등이 있다. 공원이 위치한 사카에는 나고야의 중심지로 쇼핑몰과 카페 등이 많아 쉬어가기 좋다.

* 지하철 히가시야마센과 메이조센 사카에역 하차.

나고야 성(馬籠宿)

www.nagoyajo.city.nagoya.jp

도쿠가와 이에야스가 지은 성으로, 나고야를 대표하는 이미지이다. 1945년 연합군 공습으로 파괴된 것을 재건한 것으로, 아직도 진행 중이다. 히메지 성이나 오사카 성과 외관은 비슷하지만 1954년에 콘크리트로 천수각을 서둘러 재건하는 바람에 가치가 반감되었다. 성 안의 정원은 벚꽃이 피는 봄과 단풍 드는 가을이 아름답다. 천수각인 7층 전망대에서 바라보는 전망이 탁월하며, 1~5층은 나고야 성과 도쿠가와 이에야스에 관한 자료를 전시한 전시관이 있다.

* 9:00~16:30 (12월 29일~1월 1일 휴일). 성인 500엔. 중학생 이하 무료. 지하철 메이조센 시야쿠소(市役所)역 7번 출구에서 도보 5분. 또는 메구루 버스로 나고야역에서 20분.

나고야 텔레비전탑

히사야오도리 공원 내에 있으며, 국가의 유형문화재로 등록된 현대 나고야의 상징이다. 높이 180m. 지상 100m의 스카이 발코니에서는 날씨가 좋으면 이세만까지 조망할 수 있다. 밤에 조명이 켜지면 더욱 로맨틱한 분위기가 되어 젊은층이 많이 찾는다. 2020년 9월 리뉴얼하여 오픈하였다.

* 1~3월은 10~21시, 4~12월은 22시까지 오픈한다. (토, 공휴일 11시까지) 전망층 성인 1,300엔, 중고등학생 800엔, 초등학생 무료.

JR센트럴타워:

JR나고야역과 연결되어 호텔, JR다카시마야(高島屋) 백화점과 레스토랑, 제과점, 서점, 선물가게 등이 입점한 복합공간이다. 만남의 광장인 JR센트럴타워 광장을 중심으로 500미터 거리에는 명품매장과 빌딩이 즐비하다.

---

* **나고야 교통 정보** www.nagoya-info.jp/ko/access/traffic (한글지원)

지하철

메이죠센(名城線-퍼플라인)은 환상선으로 사카에, 모토야마, 가나야마 등 다른 모든 지하철과 연결되어 편리하다. 요금은 1구간 210엔, 5구간은 340엔이다.

1일 티켓 : 버스와 지하철 전 노선 이용 가능한 패스로 성인 870엔, 지하철만은 성인 760엔.

도니치 에코 티켓 : 토요일 할인 티켓. 토·일·공휴일과 매월 8일에는 1일 티켓을 600엔에 할인 판매.

버스

나고야역과 사카에(오아시스 21 터미널, 분수 남쪽)가 주요 버스 터미널로, 요금은 일괄 210엔이다. 지하철과 주요 관광지와도 잘 연결되어 있다. 1일 티켓은 시내버스 전 노선과 메구루 버스 이용 가능. 성인 620엔, 어린이 300엔, 심야버스 1회 420엔

[메구루 버스]

메구루투어 버스로, 나고야역을 출발해서 나고야성, 도쿠가와 미술관, 텔레비전탑 등을 중심으로 주요 관광지를 운행한다.

운행 시간 : 토, 일, 공휴일은 첫차 9:30분, 마지막차 4:30분이며, 20~30분에 1대, 평일은 30~1시간에 1대 운행된다. 매주 월요일과 연말연시에는 운행하지 않는다.

요금 : 1회 승차 성인 210엔. 1일 패스 성인 500엔.

사용법 : 1일 티켓을 사면 주는 팸플릿에는 주요 관광지의 입장료 할인과 먹거리와 토산품점에서 할인 혜택이 있다. 버스에 타면서 뒷면의 날짜를 보여주면 된다. 1일 티켓은 메구루 버스 차내에서 판매한다.

* **숙박**

JR 나고야역과 번화가인 사카에 지역을 중심으로 호텔이 많다.

메이테츠 그랜드 호텔(www.meitetsu-gh.co.jp/ko) : JR 나고야역에서 도보로 3분, 메이테츠 지하철역에서 1분 거리로 이동과 쇼핑에 최적이다.

나고야 메리어트 아소시아 호텔(www.associa.com/kor : JR 나고야역 센트럴타워에 위치한 나고야 최대 규모의 호텔.

토요코 인 나고야에키 사쿠라도리구치 신칸(www.toyoko-inn.com/korea) : 비즈니스 호텔로 청결하고 무료 인터넷과 Wi-Fi를 사용할 수 있다. 나고야역에서 도보로 7~8분

* **먹거리**

미소가츠(된장소스 돈까스)와 장어덮밥이 유명하다. 특히 미소맛이 나는 나고야 맥주 킨챠도 한번 맛보자.

2 둘 째 날

나고야역 → 마고메 → 점심 → 츠마고 숙박

기후현에 위치한 마고메와 츠마고는 에도시대 역참 루트 중 가장 발달한 나카센도의 주요 역참마을이다. 일본 최초의 '국가 중요전통적 건조물군' 보존지구로 선정된 츠마고는 에도시대 건물과 가로등, 우물터 등이 남아있다. 꽤 가파른 좁은 언덕을 따라 형성된 마고메는 '언덕에 있는 역참'으로 불리는 아기자기한 마을이다. 여행을 좋아하는 이들 사이에서 가보고 싶은 시골마을로 첫손에 꼽힌다. 17세기 초부터 20세기 초까지 300여 년간 나카센도를 오가던 이들에게 식사와 숙소를 제공하던 마을이 그대로 남아있어 여행자들의 향수를 자극한다.

마고메주쿠(馬籠宿)

약 1킬로미터 폭 200여 미터의 작은 마을이다. 가파른 언덕길 좌우에 늘어선 60여 채의 에도시대 가옥은 가게와 식당, 카페, 료칸 등으로 운영되고 있다. 주택, 상점, 신사, 사찰, 물레방아, 옛 성터 등이 그대로 남아있어 힐링 여행지, 그린 여행지로 많은 인기를 모으고 있다. 이 마을이 예전 모습을 지켜올 수 있었던 것은 주민들 스스로의 노력이 절대적이었다. 주민헌장을 제정하고 돌계단과 돌담을 살리고 옛집을 허물거나 팔지 않는 등 경관 보존에 애쓴 결과 지금도 에도 시대의 육로길을 재현해내고 있다.

시마자키 후지무라 기념관(島崎藤村記念館)

toson.jp : 일본 근대문학에 관심 있는 이라면 한번쯤 들어봤을 시마자키 도손(島崎藤村). 자연주의 대표 소설가 도손은 어머니의 고향인 이곳에서 태어나 어린시절을 보냈다. 소설에 고향 마을을 묘사하기도 했다. 정원과 세 개의 문고로 이루어진 기념관에는 대표소설《파계》,《통트기 전》등을 비롯해서 동화, 시, 소설, 에세이 등 여러 장르의 오리지널 원고와 직접 사용했던 생활용품 등이 전시되어 있다.

* 버스정류장에서 도보 10분, 4~8월 8:30~17:00 11~3월 16:30, 연중무휴, 성인 500엔, 초·중학생 250엔.

마고메 와키 혼진 사료관 (馬籠脇本陣史料館)

약 400년 전 에도시대 숙소로 사용하던 곳에 역참마을 전시관을 만들었다. 처음 조성될 당시 각종 문서와 지도, 다양한 생활용품과 나무로 만든 불상, 갑옷, 투구, 무기 등이 전시되어 있다. 에도시대 역참마을의 독특한 문화와 제도, 그리고 산촌 사람들의 일상을 이해할 수 있도록 꾸며져 있다.

* 버스정류장에서 도보 10분, 연중무휴, 4~8월 8:30~17:00 11~3월 16:30, 성인 300엔, 초·중학생 100엔

시미즈야 자료관(清水屋資料館)

마고메 언덕을 오르다 보면 중턱에 관광안내소가 있고 근처에 시미즈야 자료관이 있다. 시마자키 도손의 작품《아라시》의 무대가 된 곳으로, 마고메가 역참 마을로 크게 번성할 당시 문서, 서예, 그림, 도자기 등이 전시되어 있다. 작은 규모지만 역참 마을의 발달과정과 문화를 알리기 위해 애쓴 흔적을 발견할 수 있다.

* 3~11월 8:45~17:00 12~2월 16:30, 연중무휴, 성인 300엔, 초·중학생 100엔, 마고메는 가파른 언덕길을 따라 걸어서 돌아보아야 한다. 짐은 버스정류장 인근 주차장에 코인락커를 이용하자. 1일 300엔.

츠마고 : tsumago.jp 명소, 숙소, 음식점 등 여행 정보 제공 (한글지원)

데라시타 거리

츠마고의 중심거리인 데라시타는 69곳에 달하는 역참마을 가운데 옛 모습이 가장 잘 남아있는 곳이다. 100여 채의 목조주택이 늘어선 거리에 들어서면 마치 시대를 거슬러 올라온 듯한 착각에 빠지게 된다. 메이지 유신 이후 철도와 도로가 개설되면서 역참마을은 점차 쇠락하여 사라졌지만 이곳 주민들의 노력으로 데라시타 거리를 보존하게 되었다고 한다. 주민들은 집을 "안 판다, 안 빌려준다, 안 헌다"는 세 가지 원칙을 만들어 철저하게 지켰고, 지금도 집의 원형을 보존하면서 게스트하우스나 찻집, 특산품 가게 등을 운영하며 산골 마을의 삶을 이어가고 있다.

츠마고쥬쿠 혼진(妻籠宿本陣)

현재 나기소박물관으로 사용되는 츠마고쥬쿠 혼진은 이 지역을 관리하는 책임자가 거주했던 곳이다. 혼진은 여러 숙박시설과 다르게 관리와 무사들이 머물던 숙소로 국가에서 공무를 위하여 설치하였다. 초대 혼진 책임자는 근대문학의 거장 시마자키 도손의 외가쪽 선조들이었다고 한다. 츠마고와 마고메주쿠에 시마자키 도손의 문학관 등 관련 유적지들이 있는 것은 도손의 어머니가 혼진에서 태어나 자랐고, 그도 외가에서 자란 때문이다. 박물관에는 역참마을 관련 자료들이 전시되어 있다.

* 9:00~17:00, 휴관 12월 29일~1월 1일, 성인 300엔, 청소년 150엔, 혼진과 와키 혼진 오쿠야를 함께 관람할 수 있는 티켓은 성인 700엔. 초·중학생 350엔.
*나기소마치 박물관 통합권 성인 700엔

고토쿠지(光德寺)

관광안내소 건너편 언덕길로 오르면 1500년에 세워진 고찰이 나온다. 여러 차례의 화재로 처음 모습은 대부분 소실되었지만 주변 거목들을 통해 역사를 가늠해 볼 수 있다. 고토쿠지는 사찰도 볼만 하지만 이곳의 묘지 앞으로 펼쳐진 조망이 압권이다. 깊은 산속에 자리한 목조건물과 나무와 돌로 이은 역참마을의 독특한 지붕 등도 볼 수 있다.

* 24시간 관람. 사찰 내부는 수시로 변동, 관람료 무료.

와키 혼진 오쿠야(脇本陣奧谷) 역사자료관

츠마고쥬쿠 혼진 앞에 위치한 와키 혼진 오쿠야는 도매상으로 사용했던 곳이다. 국가주요문화재로 지정되었다. 에도 시대 때 건축에 사용을 금하던 노송나무로 만들어져 역참마을에서도 좀처럼 찾아보기 드문 건축물이다. 옛 모습이 잘 보존되어 있으며, 현재는 역사자료관으로 사용하고 있다. 츠마고 보존운동에 관한 자료들과 에도 시대 역참마을 모형을 전시해 놓았다.

* 9:00~17:00, 휴관 12월 29일~1월 1일, 성인 600엔, 청소년 300엔.

*** 일본 기차 시간과 요금 안내** www.navitime.co.jp/transfer/searchlist

*** 교통**
① JR 나고야역 → JR 나카츠가와역 : 특급 50분 소요. 7:00, 8:00, 9:00, 10:00, 11:00, 12:00, 13:00 14:00, 15:00, 16:00, 17:40, 18:40, 19:40. 로컬은 1시간에 2대꼴로 쾌속 1시간 20분, 보통 1시간 30분 소요. 지정석 2540엔, 자유석 13400엔.
② 나카츠가와 → 마고메 : 온다케 버스 25분 소요. 7:42, 9:10, 9:40, 10:30, 11:25, 11:55, 12:40, 13:10, 14:00, 15:00, 16:30, 18:30. (파란색은 평일에만 운행) 성인 540엔, 어린이 270엔.
③ 마고메 → 츠마고 : 온다케 버스 26분 소요. 9:20, 10:50, 13:25, 15:00. 17:15.(파란색은 4월 22일~5월 6일, 7월 13일~8월 31일 운행) 성인 600엔, 어린이 300엔.

*** 인스타그램** nagisotourismassociation

*** 숙박**
www.kiso-magome.com
마고메 관광협회 : 명소, 숙박, 음식점, 상점 등 다양한 정보를 얻을 수 있다.
이와다케 료칸(岩茸旅館) : 마고메 유일의 료칸.
시마자키 도손 기념관에서 두 번째 집이다.
1인 기준 8,500~10,000엔.
마고메차야(馬籠茶屋, www.magomechaya.com) : 마고메 관광안내소 옆에 자리한 찻집과 음식점을 겸한 민박. 주변 풍광을 조망할 수 있어 인기가 높다. 1인 기준 10,000~15,000엔.
하나야 료칸(波奈屋旅館, www.hanaya-tsumago.jp) : 츠마고에 위치. 에도시대부터 료칸 영업을 해온 곳으로, 기소 지역에서 가장 오래된 료칸 중 하나이다. 1인 기준 1박 2식에 12,650엔. 어린이(4-13세) 9,900엔, 유아 1,100엔.
마츠시로야 료칸(松代屋旅館) : 200년 역사를 자랑하는 료칸으로, 츠마고 데라시타 거리 중심에 있다. (0264) 57 3022. 전화와 팩스로만 예약.
기소마고 타지마야 (kiso-tajimaya.com) : 마고메 지역. 민박집으로 석식, 조식 포함 1인 기준 9,900엔

*** 먹거리**

작은 역참마을이지만 음식점과 카페가 있다. 지역 명물인 밤을 넣은 정식과 소바, 생선회, 히다규 요리 등이 있다. 소바는 마고메 대표 음식으로 모든 음식점에서 먹을 수 있다.
마고메야(まごめや) : 버스 정류장과 주차장 앞에 자리한 마고메 마을에서 규모가 가장 큰 음식점으로 소바를 비롯하여 각종 우동과 튀김, 생선 요리를 맛볼 수 있다. **전화** (0573) 69 1111
마루지야(丸治屋) : 관광안내소 바로 옆에 자리한 음식점으로 소바, 우동, 정식을 즐길 수 있다. **전화** (0573) 69 2147
하나야 료칸(波奈屋旅館) : 츠마고 위치. 기소 계곡에서 잡은 민물고기가 포함된 정식이 인기가 높다. **전화** (0264) 57 3106
마쓰시로야 료칸(松代屋旅館) : 츠마고 위치. 오카미가 직접 추천하는 기소 소바로 유명하다. **전화** (0264) 57 3022
* 마고메와 츠마고에는 나무로 만든 수공예품이 많다. 나무그릇과 엽서, 수저 등은 간단한 선물로도 좋다.

3

츠마고 데라시타 거리 → 나기소 아카사와 휴양림
→ 나고야역 경유, 추부 공항

일찍 일어나 고요한 츠마고 마을을 산책해 보자. 산속 마을의 깨끗한 공기가 폐부 깊숙이 파고드는 느낌이 특별하다. 아침을 먹고 버스를 타고 나기소역으로 가서 코인라커에 짐을 보관한 다음 마을을 둘러본다. 나기소는 주변 역참마을로 가는 관문으로, 마고메와 츠마고처럼 옛 건물이 보존된 구역은 없지만 시골 마을의 정겨움이 있고 여름에는 휴양림도 둘러볼 수 있어 좋다.

아카사와 자연휴양림

일본 최초의 휴양림. 나기소 남쪽에 있는데, 삼림욕을 통하여 병을 치료할 목적으로 조성하였다고 한다. 4월 하순~11월 초순 개장하며, 8개의 산책 코스가 있는데 누구나 편하게 걸을 수 있다. 산림욕은 정원 100명으로 제한된다. 산림전시관과 상점, 숙박시설도 있고, 목재 수송용 철도를 이용한 투어도 가능하다. 개원 기간 중 토·일요일에 운행한다.

* 9:00~16:00, 입장료 무료.
산림철도 중학생 이상 800엔,
4세-초등생 500엔, 주차요금 600엔, 삼림욕 3,000엔

나기소

www.kankou-kiso.com 나기소 명소, 숙소, 음식점, 교통 등 여행 정보 제공.

나카센도의 거점지 중 한 곳. 강변과 계곡을 따라 늘어선 집들과 골목, 신사 등이 있어 옛 흔적을 조금 엿볼 수 있다. 역참마을과 나고야를 잇는 관문이자 아카사와 자연휴양림으로 가는 관문이다.

*** 교통**
츠마고 → 나기소 : 온다케 버스 10분 소요. 9:41, 11:16, 13:51, 15:26, 17:41(파란색은 4월 22일~5월 6일, 7월 13일~8월 31일 운행) 성인 300엔,
나기소 → 아카사와 자연휴양림 : 9:10, 10:55, 13:40, 14:35
아카사와 자연휴양림 → 나기소역 : 10:00, 11:50, 14:35, 15:30(파란색은 토요일, 일요일 8월 한 달 동안만 운행) 성인 편도 1,500엔, 왕복 2,800엔
JR 나기소역 → 나고야역 : 특급 1시간 9분 7:42, 9:05, 9:13, 10:30, 11:30, 12:30, 13:30, 14:30, 15:30, 16:30 17:30, 18:30, 19:48, 21:09 지정석 4,900엔, 자유석 2,520엔. 로컬 (보통, 쾌속 1시간 1대꼴)

02

#아이치현 나고야 #이시카와현 가나자와

#기후현 시라카와고, 다카야마

눈길 닿는
곳마다 우아한
아름다움이 있는 곳

나고야를 기점으로 가나자와, 시라카와고, 다카야마를 둘러보는 이 여행은 오랜 세월의 깊이와 연륜을 간직한 도시와 마을을 만나는 문화여행이다. 일본 국토의 한가운데 있어 전쟁과 지진 등의 피해를 입지 않아 옛 모습이 잘 남아 있는 지역이다. 또한 에도시대 도쿠가와 막부에 이어 2번째로 큰 다이묘였던 마에다가(家)가 통치한 가나자와는 정원의 나라 일본에서도 가장 유명한 겐로쿠엔과 전통 장인의 맥을 잘 이어오는 거리, 독특한 설치미술과 전시 아이디어로 유명한 21세기 미술관이 있는 우아한 도시이다. 세계적인 전통가옥 마을 시라카와고, 에도시대의 전통가옥과 문화 등이 원형 그대로 잘 보존된 다카야마까지 함께 둘러보는 것이 포인트이다. 교토만큼이나 일본 전통문화의 진수를 느끼기에 좋은, 숨은 진주 같은 코스이다.

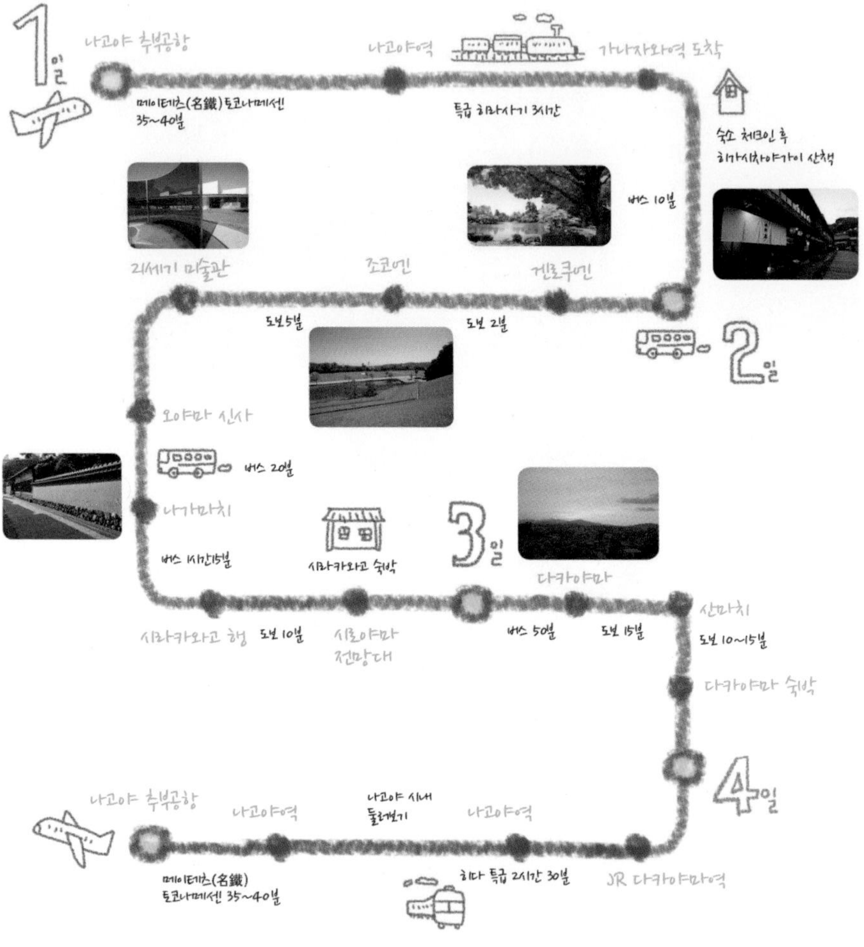

*** 3박 4일 추천 일정** 나고야 추부공항(IN) – 가나자와(1박) – 시라카와고(1박) – 다카야마(1박) – 나고야 추부공항(OUT)

*** 추천 시기** 역시 봄과 가을이다. 겐로쿠엔 공원의 아름다운 꽃들을 감상하고 화려한 볼거리를 자랑하는 다카야마의 야타이 축제를 즐길 수 있어 내외국인 여행객들로 붐빈다. 겨울이라면 시라카와고 전통 가옥의 환상적인 모습을 만날 수 있다. 동화처럼 온통 눈덮인 뾰족 지붕들 사이로 은은하게 퍼지는 야경은 명불허전이다.

*** 교통** 나고야에서 가나자와까지 JR특급을, 산골마을인 시라카와고는 버스로만 갈 수 있어 가나자와에서 버스편을 이용한다. 시라카와고에서 다카야마까지는 버스가 자주 운행되어 교통은 편리하다.
나고야 – 다카야마 노선은 기차와 버스·택시편을 묶은 히다지 프리티켓(3일권)을 이용하면 교통비를 줄이고 매번 표를 사는 불편도 없어 좋다.

가나자와 도심과 주변 전경.

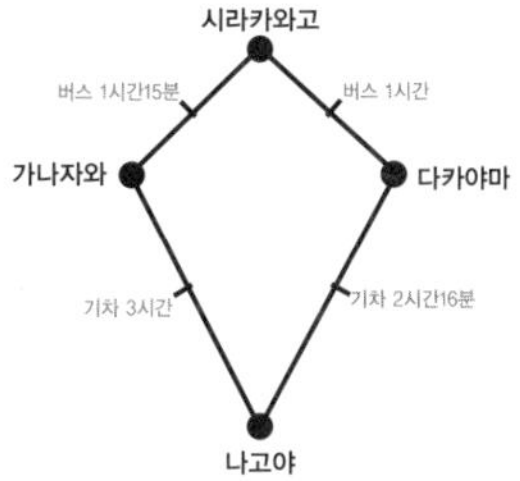

*** 여행 정보**

가나자와 : visitkanazawa.jp/kr/ (한글지원) : 역과 시내 관광안내소에서 지도와 안내 팸플릿을 구할 수 있다. 영어 가능한 직원이 있다.

다카야마 : www.hida.jp/hangul : 역 바로 정면 관광안내소에 영어 가능한 직원이 있다. 다카야마역을 정면에 두고 오른쪽에 있는 버스터미널에서 시라카와고 1일 투어 안내와 버스표 예매를 한다. 산마치에도 관광안내소가 있다.

시라카와고 : www.shirakawa-go.gr.jp : 관광안내소에서 마을 명소, 음식점, 숙박시설이 상세하게 표기된 지도를 제공한다. 영어 가능.

나고야 : www.nagoya-info.jp/ (한글지원) : 공항과 역의 관광안내소에 시내 지도와 자세한 투어정보를 담은 책자가 있다. 영어 가능.

*** 교통편**

일본 버스노선(고속버스, 관광버스, 공항버스) 검색 사이트 **:** japanbusonline.com/ko

나고야 철도 사이트 : www.meitetsu.co.jp/kor

가나자와 → 시라카와고→다카야마 : 4,000엔

가나자와 →시라카와고 : 2,000엔 08:10, 08:40, 09:10, 09:25, 09:40, 11:10, 13:00, 13:20, 14:35, 16:00

시라카와고 → 다카야마 : 09:35, 12:35, 14:45, 17:20 소요시간 50분. 편도 2,400엔.

다카야마 → 나고야 : 버스와 기차로 이동 가능하나 기차가 편하고 빠르다. 매일 10회 운행. 소요시간 2시간 30분. 자유석 3,260엔 지정석 6,070엔.

요금과 시간 확인 www.westjr.co.jp(일부 한글지원)

*** 히다지 프리티켓**

나고야-게로-다카야마 여행의 필수 패스로 철도+버스, 철도+식사로 구성되어 있다. 3일권에 12,370엔. 나고야에서 다카야마까지 히다 특급 지정석을, 게로온천에서 히다후루카와 구간은 자유석을 마음껏 이용할 수 있다. 오쿠히다는 철도+버스를 선택하면 된다.

나고야역 주변.

1 첫째 날

나고야 → 가나자와 이동, 숙소 체크인 후 히가시차야가이 산책

나고야역에서 우아한 문화도시 가나자와로 간다. 구도심 거리가 잘 보존되어 있고 금박 등 전통공예문화가 발달했다. 또한 일본 최고의 정원으로 꼽히는 겐로쿠엔, 가나자와 성 등 시내에 볼거리가 모여 있다.

히가시차야가이(ひがし茶屋街)

가나자와 여행에서 첫 번째로 손꼽히는 명소로, 가나자와역에서 2킬로미터 떨어진 강변을 따라 고풍스런 목조건물들이 그대로 남아있는 거리이다. 에도시대 지어진 음식점과 찻집 등 당시 거리가 잘 남아있어 길 전체가 국가문화재로 지정되었다. 차야는 에도시대 일종의 유흥가로, 게이샤들이 춤과 연주를 하는 가운데 술이나 식사를 하던 곳이다. 히가시차야, 카즈에마치, 니시차야 3곳이 있는데 그중 히가시차야의 규모가 가장 크다. 목조 건물이 늘어선 거리를 걷다보면 마음이 차분해지고 여행 첫날의 긴장도 풀린다. 에도시대 기분을 만끽하며 식사를 하고 예쁜 기념품 가게도 구경하고 카페에서 느긋하게 쉬어가기에 더 없이 좋은 거리이다.

* 가나자와역 동쪽 3번 승강장에서 주유버스 타고 하시바초 하차. 요금 200엔. 가나자와 주유버스와 시내버스 1일권 500엔.

*** 교통**

www.navitime.co.jp (한글지원) 신칸센부터 로컬기차까지 다양하다. 2시간 15분~4시간, 5,500엔부터 10,200엔까지 다양

1회 승차 : 성인 200엔, 어린이 100엔

1일권 : 성인 800엔, 어린이 400엔.

나고야 → 가나자와 : 특급기차 매일 8회 운행. 3시간 소요. 자유석 4,310엔, 지정석 7,330엔.

가나자와 시내 : 주요 관광지를 도는 주유버스 5개 노선. 12분 간격. 성인 200엔, 어린이 100엔. 1일 성인 800엔, 어린이 400엔.

*** 숙박**

가나자와(kanazawa-tourism.com) : 비즈니스와 관광이 발달하여 다양한 숙박시설이 있으며, 비용도 대도시에 비해 저렴한 편이다.

호텔 가나자와(www.hotelkanazawa.co.jp) : 역 바로 앞에 있는 전형적인 비즈니스호텔. 관광명소로 이동하기에 편리하다.

아나크라운프라자 호텔(www.crowneplaza.com) : 역 건너편에 위치. 쾌적하고 편리한 호텔이다.

토요코인 가나자와 고린보(www.toyoko-inn.com) : 대표적 비즈니스 호텔. 주요 명소와 가까워 편리하다.

*** 먹거리**

바다와 산이 어우러진 가나자와는 신선한 생선요리와 양식을 비롯한 음식점이 수백 곳에 달한다. 오랜 노포도 많은데 그중에서도 280년 역사를 자랑하는 오미초(近江町) 시장이 가장 유명하다.

오미초 시장 : 생선회를 비롯하여 튀김과 우동 등 다양한 음식점들이 늘어서 있다.

레스토랑 지유켄(自由軒) : 히가시차야가이 입구에 자리한 115년 역사를 자랑하는 레스토랑으로 건물이 주는 느낌과 음식이 멋진 조화를 이룬다. 오므라이스와 크로켓, 샐러드, 플레이트 세트 메뉴 등이 인기있다.

모리모리스시(もりもり寿し) : 가나자와역 앞 포러스 쇼핑몰 6층에 위치한 회전초밥 전문점. 비교적 저렴한 가격으로 신선한 생선요리를 즐길 수 있어 직장인들에게도 인기가 높다.

2 둘째 날

가나자와 겐로쿠엔, 가나자와 성, 21세기 미술관 → 시라카와고

아침 시간에 조금 서둘러 겐로쿠엔으로 이동한다. 이른 아침에 무료 개장하는 겐로쿠엔을 둘러본 다음 가나자와 성, 21세기 미술관으로 이동하는 것이 효율적인 동선이다. 조금 서두른다면 21세기 미술관에서 옛 무사들이 살던 나가마치 지역을 둘러보고 12시 35분 시라카와고행 버스 시간에 맞출 수 있다.

마에다 가문의 상징 가나자와 성.

겐로쿠엔(兼六園)

www.pref.ishikawa.jp/siro-niwa/kenrokuen (한글지원) : 가나자와의 상징 겐로쿠엔은 미토의 가이라쿠엔, 오카야마의 고라쿠엔과 더불어 일본 3대 정원으로 꼽힌다. 큰 연못에 구릉을 쌓고 정자나 다실을 짓고, 연못을 돌며 산책할 수 있는 임천회유식 정원의 대표격이다. 1676년 5대 번주 마에다 쓰나노리(前田剛紀)가 성 주변을 정비하면서 조성한 것이 시작이며, 1822년 13대 번주 마에다 나리야스(前田斉泰)가 인공호수를 조성하여 지금의 형태를 갖추었다고 한다. 광대함, 한적함, 인공미, 고색창연, 풍부한 물, 아름다운 경관 6가지를 갖추었다하여 겐로쿠엔이라고 한다. 봄 벚꽃, 여름 붓꽃, 가을 단풍, 겨울 눈꽃 등 다양한 꽃들이 피고 구불구불한 물길을 따라 걸으면 곳곳마다 다른 풍광을 보여주어 사계절 어느 때라도 좋다. 호수 입구 두 개의 다리를 가진 석등인 고토지 등롱은 겐로쿠엔의 상징물로, 바라보는 위치에 따라 다른 분위기를 느낄 수 있다.

* 가나자와역 동쪽 3번 버스 승강장, 겐로쿠엔시타 하차 도보 1분. 3월 1일~10월 15일 7:00~18:00(10월 16일~2월 28일 8:00~17:00), 성인 320엔, 6~17세 100엔, 65세 이상 무료(신분증 필요)

가나자와조코엔(金沢城公園)

www.pref.ishikawa.jp/siro-niwa/kanazawajou (한글지원)
겐로쿠엔과 마주한 가나자와조코엔은 약 300년에 걸쳐 이 지역을 통치한 마에다 가문의 집과 성터를 공원화한 곳이다. 9만 평에 달하는 넓은 공간에 조성된 성은 흰색과 무늬벽이 잘 어울리는 벽체에 흰빛이 도는 기와를 올려 마치 눈이 내린 듯 아름답다. 여러 차례 화재로 대부분 소실되고 산노마루, 이시카와몬, 고짓켄나가야가 남았다. 대부분의 건물은 2010년대에 복원된 것이다.

* 버스로 겐로쿠엔시타에서 하차 1분. 3월 1일 ~10월 15일 7:00~18:00, 10월 16일~2월 28일 8:00~16:30. 공원 무료. 고짓켄나가야 등 입관료 성인 320엔, 6~17세 100엔, 65세 이상 무료(신분증 필요).

21세기 미술관(21世紀美術館)

www.kanazawa21.jp : 가나자와의 새 명소로 떠오른 곳. 겐로쿠엔과 마주보고 있다. 2004년 가나자와대학 부속 유치원과 초·중·고등학교가 있던 터에 조성한 미술관으로, 1980년대 이후의 현대 작품을 소장 전시하고 있다. 독특한 건축구조로 건축물이 먼저 주목을 받기 시작하였고, 지금은 관람객이 직접 만져보고 체험해 볼 수 있도록 한 독특한 전시 방법으로 많은 이들이 찾고 있다. 레안드로 에클리히의 '스위밍풀', 이 고장에서 자생하는 식물을 활용한 미도리노하시 작품 '아름다운 길' 등 독특한 현대미술 작품이 전시되어 있다. 무료 전시와 유료 전시 공간으로 구분되어 있다.

* 버스로 히로사카이에서 하차. 도보 1분, 화~목요일 10:00~18:00, 금·토요일 10:00~20:00, 월요일 휴관, 입장료 무료, 관람료 무료, 전시회 따라 변동, 특별기획전 별도.

오야마 신사(尾山紳士)

www.oyama-jinja.or.jp : 겐로쿠엔과 가까운 곳에 있는 독특한 건축양식의 신사이다. 초대 번주인 마에다 도시이에와 그의 부인을 모신 신사로, 네덜란드 건축양식이 눈길을 끈다. 마에다 도시이에와 부인 동상이 세워져 있고 신사 뒤편에 정원이 조성되어 있다.

* 고린보에서 하차, 도보 5분. 연중무휴, 24시간 무료 개방.

나가마치(長町)

www.nomurake.com : 히가시차야와 함께 에도시대의 정취를 만끽할 수 있는 곳. 나가마치는 에도시대 무사들이 살았던 곳으로, 좁은 골목과 수로를 따라 조성된 주택과 흙담이 당시 모습을 고스란히 간직하고 있다. 현재 20여 채의 나가마치 무사 주택에는 무사의 자손들이 살고 있는데, 노무라 주택이 가장 인상적이다. 찻집으로 운영되어 집 내부를 둘러볼 수 있는데, 12대에 걸친 고위 무사의 저택에서 아름다운 정원을 바라보며 차를 마실 수 있어 인기가 높다.

* 고린보 버스정류장 하차, 도보 5분, 연중무휴 24시간 개방, 노무라케(野村家) 4~9월 8:30~17:30. 12~3월 8:30~16:30, 입장료 성인 550엔, 고등학생 400엔, 초중학생 250엔.

가타마치(片町)

오야마 신사와 연결된 가나자와의 대표적인 쇼핑거리이다. 명품관을 비롯 백화점, 각종 음식점과 작은 가게까지 다양한 상점이 자리하고 있다. 업무시간이면 비즈니스맨으로 가득한 가타마치 거리는 오후 시간이 되면 젊은 남녀들로 북적거려 활기가 넘친다.

* 가타마치 정류장 하차, 도보 1분. 연중무휴, 24시간 개방.

*** 교통**

가나자와→시라카와고→다카야마 사이를 운행하는 버스 이용 (예약제)

가나자와→시라카와고 : 3회 08:45, 12:35, 16:00 버스편. 전좌석 예약제. 1시간 15분, 편도 성인 2,600엔, 어린이 13,000엔

가나자와→다카야마 : 2시간 15분 성인 4,000엔, 어린이 2,000엔 (127Km)

다카야마→시라카와고 : 성인 2,600엔, 어린이 1,300엔

렌터카는 가나자와역 서쪽 출구. 차종에 따라 7,000엔~15,000엔 이용시간 12시간 기준 (8시~20시)

*** 숙박**

www.shirakawa-go.gr.jp : 시라카와고 사이트에서 료칸 2곳과 19곳의 민박을 비롯 인근 40여곳 숙박시설, 음식점, 상점을 안내하고 있다.

시라야칸 : 마을 초입의 전통 료칸. 강변과 주변 산을 조망하기에 최적이다. 홈페이지는 없고 전화 혹은 팩스로 예약 가능하다.
TEL 05769-6-1007 / FAX 05769-6-1755

시라카와고 온천료칸(www.shirakawagou-onsen.jp) : 마을 초입의 온천에서 운영하는 숙박시설. 온천욕을 즐길 수 있어 좋다.

민숙 스미즈(志みづ) : 마을 안쪽의 민박집으로 조용하게 머무르기에 좋다.

민숙 분로쿠(ぶんろく) : 와다 저택 인근에 위치한 조용하고 아늑한 집.

3 셋째 날

시라카와고 → 다카야마 숙소 체크인 후 둘러보기

아침에 시로야마 전망대에 올라보자. 산에 안긴 듯한 작은 마을에 뾰족한 초가지붕의 집들이 옹기종기 모여 있는 모습을 보면 탄성이 절로 나온다. 뾰족 지붕의 초가집을 갓쇼즈쿠리(合掌造)라 하는데, 불교의 두 손을 합장한 모습과 닮았다하여 그렇게 불린다. 눈이 많이 내리는 산중이라 눈이 쉽게 쌓이지 않도록 삼각형 지붕을 만든 것으로, 지붕 아래에 3~4층의 실내 공간이 있는 독특한 가옥 구조이다. 인근의 고카야마와 함께 1995년 세계문화유산으로 지정되었다. 겨울은 설원에 불빛이 퍼지는 저녁 풍경이 아름답고 여름은 이른 아침 풍경이 상큼하다. 산책하듯 천천히 마을 곳곳을 둘러본 다음 버스 편으로 다카야마로 향한다.

시로야마 전망대

시라카와고 최고의 전망대로, 마을 안쪽으로 들어가면 오를 수 있는 길이 있다. 전망대까지 셔틀버스가 운행한다. 먼저 전망대에 올라 마을 분위기를 감상한 후 마을로 내려가 천천히 둘러볼 것을 추천한다.

* 연중무휴, 무료.

와다 저택

시라카와고는 주민들이 실제 거주하는 마을이라 아무 집이나 들어가 구경할 수는 없다. 갓쇼즈쿠리 가운데 몇 곳을 개방하였는데, 그 중에서 원형이 잘 보존된 집이 와다 저택이다. 모두 4층으로, 층마다 거주와 작업 공간으로 나뉘어져 있다. 독특한 모양의 창문 등 산촌 사람들의 삶의 지혜를 엿볼 수 있다.

* 9:00~17:00. 성인 400엔, 어린이 200엔.

갓쇼즈쿠리 민가원

www.shirakawago-minkaen.jp : 마을 입구의 다리를 건너기 전 오른편 언덕에 있는 야외박물관.
갓쇼즈쿠리 양식의 집 9채를 옮겨와 주택 내부를 볼 수 있도록 개방해 두었다. 내부는 지붕의 높이와 크기에 따라 2~4층으로 되어 있고 10~30명의 대가족이 함께 생활하였다고 한다. 내부는 생활 공간과 잠업과 베짜기 등의 작업 공간으로 나뉘어져 있다. 산촌 지방의 독특한 생활상과 지혜를 엿볼 수 있다.

* 8:40~17:00, 12~3월 9:00~16:00, 성인 600엔, 어린이 400엔.

다카야마 :

www.hida.jp : 에도시대 히다국(飛騨国)의 성이 있던 다카야마(高山). 사방이 온통 산으로 에워싸인 이곳은 훌륭한 목재공급처였고, 목공 장인들의 뛰어난 솜씨로 지은 목조 건축물들이 그대로 남아 있는 거리가 유명하다.
2007년 미슐랭 가이드북에서 최고인 별 세 개의 여행지로 꼽힌, 아름다운 도시이다.
반나절 정도 시간이라면 진야와 산마치를 먼저 보고 마츠리야타이 회관, 고쿠분지 등을 둘러본다. 카페나 식당 등 가게들은 오후 5시면 대부분 문을 닫는다.

진야(陣屋)

에도 막부의 세금 징수와 재판이 이뤄지던 관공서로, 전국에 60곳이 있었다고 한다. 다카야마에서 절대 빼놓을 수 없는 곳으로, 현재 다카야마에 유일하게 남아있다. 업무용 공간 외에도 관리의 생활공간과 쌀 보관 창고, 감옥 등이 남아 있다. 규모가 꽤 커서 1시간 이상 여유를 두는 것이 좋다.

* 3~11월 8:45~17:00, 12~2월 8:45~16:30 연중무휴, 성인 430엔, 고등학생 이하 무료.

산마치 (さんまち)

에도, 메이지, 다이쇼 시대에 걸쳐 지어진 2층 목조건물이 늘어서 마치 타임슬립한 기분이 드는 거리. 국가 주요 전통 건물지역으로, 상인 마을 세 곳의 거리를 통칭, 산마치 혹은 후루이마치(古い町)라고 한다. 전통 양조장, 목공예, 인형, 판화점, 음식점, 다다미가 깔린 차분한 분위기의 전통 찻집, 액세서리와 수공예품 등을 파는 가게가 늘어서 있다. 독특한 간판과 전통 인테리어가 잘 어우러진 가게가 많아 시간 가는 줄 모른다.

* 다카야마역에서 걸어서 12분 정도, 산마치 가운데 관광안내소가 있어 필요한 정보를 얻을 수 있다. 가게들은 오후 5시면 대부분 문을 닫는다.

다카야마 마츠리 야타이 회관

www.hida-hachiman.org : 다카야마 마츠리에 쓰이는 대형 가마를 전시해 놓았다. 매년 축제에 등장하는 11대의 야타이를 3회에 걸쳐 순회하며 전시하는데, 거대한 크기와 눈부시도록 화려한 장식, 섬세한 조각 솜씨에 탄성이 절로 나온다. 유리벽을 따라 돌면서 야타이를 살펴볼 수 있다.

* 3~11월 9:00~17:00
12~2월 9:00~16:30. 연중무휴.
성인 900엔, 고등학생 550엔, 어린이 450엔

*** 교통**

다카야마 시내 : 작은 도시로, 걸어서 돌아 볼 수 있다. 산마치, 야타이회관, 미술관, 히다후루이마치 등 주요 관광지를 도는 마치나미버스(まちなみバス, 100엔), 사루보보버스(さるぼぼバス, 200엔)가 운행된다. 1일 패스는 성인 500엔, 어린이 250엔.

히다버스터미널(www.nouhibus.co.jp)

*** 숙소**

[다카야마] www.hida.jp : 작은 도시지만 료칸과 호텔, 민박 등 많은 숙박 시설이 있다. 다카야마 료칸호텔협동조합과 민박협동조합(예약 대행은 무료)

*** 먹을거리**

[시라카와고] 작은 산촌마을이지만 많은 방문객이 찾아 약 40곳에 달하는 음식점이 있다. 된장을 활용한 음식과 산채음식이 유명하나 스테이크부터 메밀국수와 우동에 이르기까지 다양한 음식을 먹을 수 있다.

다나가야(たなか屋) : 관광안내소 가까운 곳. 담백한 메밀국수와 산채음식 등을 판다.

전화 (05769) 61 410

아라이 식당(あらい食堂) : 마을 입구 시라야칸 바로 옆에 위치. 우동, 메밀국수와 튀김정식 등 다양한 음식을 판다.

전화 (05769) 61045

이로리(いろり): 작은 연못 가까운 음식점. 간단한 도시락과 소바, 우동 등을 판다.

전화 (05769) 61737

[다카야마] 야채 절임과 소바, 라멘, 된장에 버섯, 고기 등을 넣어 양념한 것을 호바잎 위에 올려 구워먹는 호바 미소가 유명하다. 근래에는 히다 소를 이용한 소고기 요리도 전국적으로 유명한데, 특유의 마블링이 입에서 사르르 녹는다.

4

넷 째 날

다카야마 → 나고야역 → 나고야 성 → 추부공항

미야가와 아침시장(宮川朝市)

www.asaichi.net: 여행의 마지막 날, 미야가와 천변에 서는 아침시장에 들러보자. 에도시대부터 이어져온 유서 깊은 시장으로, 일본 3대 아침시장으로 불린다. 새벽부터 지역민들이 직접 기른 채소와 된장, 절임류, 꽃, 핸드메이드 소품 등을 가지고 나와 자리잡느라 분주한 풍경이다. 강변을 따라 꽤 길게 늘어서 있어 규모도 크고 취급하는 물건도 다양해서 많은 이들이 찾는다. 덤도 주는 등 산촌 사람들의 정감을 느낄 수 있다.

* 다카야마역에서 걸어서 10분. 연중 무휴. 4~10월 아침 6:00~12:00, 11~3월 7:00~12:00까지 열린다.

*** 교통**

다카야마 → 나고야 : JR 히다 특급으로 2시간 20분~4시간 소요. 히다지프리티켓으로 지정석 가능. 기차편에 따라 3,000엔~5,610엔

03

#아이치현 나고야 #기후현 다카야마, 시라카와고 #게로온천

에도시대 거리를 천천히 거닐고 온천에서 쉬는 휴식여행

가장 일본다움을 간직한 마을을 돌아보는, 그야말로 휴식여행이다. 세계문화유산인 시라카와고의 전통가옥과 에도시대의 가옥과 절, 관공서 등을 고스란히 간직하고 있어 '리틀 교토'라 불리는 다카야마를 둘러보고, 명천으로 이름난 게로온천에서 온천욕하는 것이 이 코스의 핵심. 여름에는 많이 덥기 때문에 한낮은 카페 등에서 쉬면서 이른 아침과 오후에 돌아보는 것이 좋다. 시간 여유가 있다면 다카야마에서 기차로 20분 거리에 있는 히다 후루카와나 오쿠히다 온천마을을 돌아보면 더욱 만족스런 코스가 될 것이다. 바쁜 일정이라면 나고야 시내 관광은 빼도 좋다.

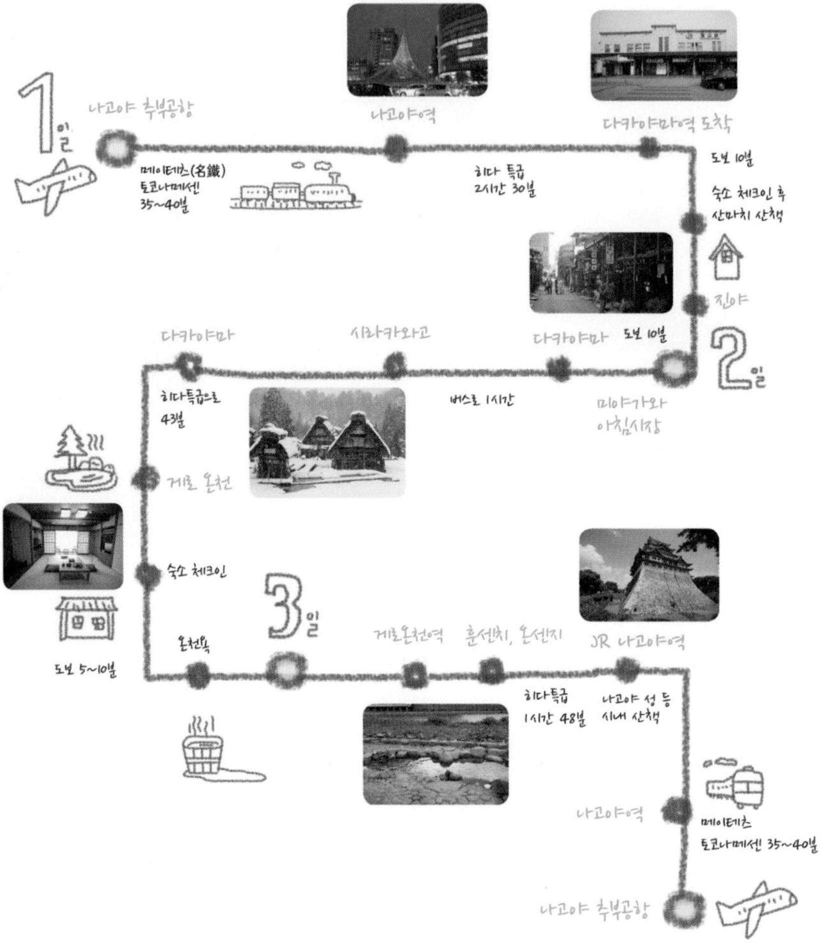

*** 2박 3일 추천 일정** 나고야 추부공항(IN) – 다카야마(1박) – 시라카와고 – 게로온천(1박) – 나고야 추부공항(OUT)

*** 추천 시기** 봄, 가을, 그리고 겨울. 천천히 여유를 두고 산책하며 여행하는 코스라 여름에는 조금 힘이 든다. 산으로 둘러싸여 있어 겨울 풍경이 매우 아름답고, 다카야마는 봄가을에 화려한 야타이 마츠리가 열린다.

*** 교통** 나고야에서 다카야마까지는 JR 히다뷰익스프레스를 이용한다. 게로온천을 거쳐 가기 때문에 일정에 따라 게로온천에서 묵고 다카야마로 갈 수도 있다. 시라카와고는 다카야마에서 버스로 가는 것이 가장 편리하다. 기차와 버스편을 묶은 히다지 프리티켓(3일권)을 이용하면 경비도 줄이고 매번 표를 사는 불편도 없어 좋다.

* **여행 정보** **다카야마 관광정보 :** www.hida.jp (한글지원)

시라카와고 관광정보 : www.shirakawa-go.gr.jp (한글지원)

다카야마역 정면 관광안내소에서 내 지도와 시라카와고 투어 팸플릿 등 다양한 정보를 얻을 수 있다. 게로온천역 바로 옆 관광안내소에는 영어가 가능한 직원이 있다. 여행의 시작은 관광안내소에서 할 것!

* **히다지 프리티켓** 다카야마 여행의 필수 패스. 가격뿐 아니라 시간까지 줄일 수 있다. 철도+식사, 철도+버스 패스로 구성되어 있다. 12,370엔, 나고야에서 다카야마까지 히다 특급 지정석을, 게로온천에서 히다후루카와 구간은 JR기차 자유석을 자유롭게 이용할 수 있다. 추부공항이나 나고야역 JR매표소에서 구매하며, 여러 장의 티켓으로 되어 있어 잘 보관해야 한다. 버스패스의 경우 오쿠히다로 가는 버스를 이용할 수 있다.

* **숙박** 다카야마는 작은 도시지만 호텔, 료칸, 민박 등 다양한 숙소가 있다. 게로온천에도 다양한 료칸이 있다. 다만 봄 가을 야타이 마츠리 시기에는 숙소 잡기가 어려워 사전 예약 필수. 전통문화가 잘 남아있는 도시이니만큼 료칸에 머물러 보는 것도 좋다. 다카야마는 비교적 저렴한 1만엔대 료칸도 많고, 식사 없이 숙박만 하는 료칸이나 민박은 더욱 저렴하다.

게로온천.

다카야마 산마치 관광 안내소.

1

첫째 날

나고야 → 다카야마

에도시대 히다국(飛驒国)의 중심이었던 다카야마(高山)는 이름 그대로 사방이 산으로 에워싸여 있다. 4세기 말 영주의 본영이 설치되었고 나라, 헤이안, 에도시대를 거치면서 군사와 교통의 요충지로 발전하였다. 2007년 미슐랭에서 최초로 발간한 일본 실용여행 가이드북에서 최고 평가인 별 세 개를 받으면서 서양 여행자들 사이에서도 꼭 가봐야 하는 여행지로 꼽힌다. 첫째 날 오후시간과 둘째 날 이른 아침 시간을 이용해 다카야마의 주요 포인트를 둘러본다. 꼼꼼하게 둘러보려면 시간이 꽤 많이 걸리므로 미리 지도를 보고 꼭 봐야할 곳을 체크하는 것이 좋다. 산마치와 진야는 빼놓지 말아야 할 곳.

산마치(さんまち)

다카야마 최고 명소. 에도, 메이지, 다이쇼 시대에 지어진 2층 목조건물이 늘어선 거리로 국가 주요 전통 건물지역으로 지정되어 있다. 상인 마을로 발달한 세 곳의 거리를 통칭, 산마치 혹은 후루이마치(古い町)라고 한다. 일본인과 외국 여행객들로 늘 붐비는 거리에는 전통방식의 양조장, 목공예, 인형, 판화를 제작하고 판매하는 가게, 맛깔스런 음식점과 다다미가 깔린 차분한 분위기의 찻집, 액세서리점들이 늘어서 있다.

* 다카야마역에서 걸어서 12분 정도. 산마치 가운데 관광안내소가 있어 필요한 정보를 얻을 수 있다. 가게들은 오후 5시면 대부분 문을 닫는다.

히다 다카야마 역사미술 박물관

www.city.takayama.lg.jp : 히다 지방의 역사와 문화를 시대별로 잘 정리해 놓은 곳. 4코스로 분류된 박물관에서는 도시의 역사, 전통문화, 신앙, 예술, 산업 등을 엿볼 수 있다.

* 9:00~19:00. 연중무휴. 무료관람. 실내 촬영 불가.

다카야마 마츠리 야타이 회관

www.hida.jp/hangul/touristattractions/takayamacity/historyandculture : 마츠리에 사용한 야타이(대형 가마)를 전시해 놓은 곳. 매년 축제에 등장하는 11대의 야타이를 3회에 걸쳐 순회하며 전시하는데, 눈부시도록 화려한 장식과 나무를 섬세하게 조각한 솜씨에 탄성이 절로 나온다. 야타이 한 대를 만들고 장식하는데 5억엔 정도가 들었다고 한다.

* 3~11월 9:00~17:00 12~2월 9:00~16:30. 연중무휴. 성인 900엔, 고등학생 550엔, 중학생 450엔, 초등학생 400엔. 조명을 이용한 촬영 불가.

구사카베 민예관

www.kusakabe-mingeikan.com: 옛날 상점으로 사용했던 건물. 중요문화재로 등재된 구사카베 민예관은 에도시대 당시 모습을 고스란히 간직하고 있다. 상인들이 취급했던 물품을 비롯하여 주인이 사용했던 다양한 물품이 전시되어 있다.

* 3~11월 9:00~16:30, 12~2월 09:00~16:00. 3~11월 계속 개방, 12~2월 화요일 휴관. 성인 500엔 초·중생 300엔. 관람객에게 녹차와 다과 제공.

진야(陣屋)

에도 막부의 세금을 징수하고 재판이 열렸던 관공서. 에도 시대에 전국에 걸쳐 60곳의 진야가 있었지만 현재는 다카야마 진야가 유일하게 남아있다. 큰 업무용 공간 외에도 관리가 생활하던 공간과 세금으로 거둔 쌀을 보관하던 창고, 감옥 등이 잘 남아 있다. 규모가 꽤 커서 둘러보려면 1시간 이상 여유를 두는 것이 좋다.

* 3~11월 8:45~17:00, 12~2월 8:45~16:30. 연중무휴, 성인 430엔, 고등학생 이하 무료.

*** 교통**

시내 : 작은 도시로, 걸어서 돌아 볼 수 있다. 주요 관광지를 도는 마치나미버스(まちなみバス, 100엔), 사루보보버스(さるぼぼバス, 100엔)를 이용할 수 있다. 시내버스 1일 패스는 성인 500엔(어린이 300엔). 2일 프리패스 성인 1000엔(어린이 500엔). **히다버스터미널(www.nouhibus.co.jp/korea)**

*** 숙박**

고급 료칸과 호텔, 펜션과 민박 등 60여 곳에 달하는 숙박시설이 있다. 비교적 저렴하며 료칸호텔 숙박조합(www.takayamaryokan.jp)에서 숙소 소개와 예약까지 해준다.

다카야마 워싱턴호텔(飛騨高山ワシントンホテルプラザ, www.washington.jp/ko/takayama) : 역 건너편에 있는 비즈니스호텔로 이동에 편리함.

다카야마 시티파크호텔(高山パークシティホテル, www.hidatakayama-park-city-hotel) : 진야 근처 쇼운지 언덕 위에 위치해 전망이 매우 뛰어나다. 객실 12개의 아담한 숙소로 조용하게 머물기에 최적.

히다 호텔 프라자(ひだホテルプラザ, www.hidahotelplaza.com): 역에서 5분 거리. 고급 호텔로 주요 명소와 접근성도 좋다.

스파 호텔 알피나(スパホテルアルピナ, www.spa-hotel-alpina.com) : 산마치와 다카야마역 사이에 위치한 호텔. 온천욕을 즐길 수 있다.

혼진 히라노야 카초안(本陣平野屋·花兆庵, www.honjinhiranoya.co.jp) : 진야에서 가까운 고급 료칸. 주요 명소로 접근성이 좋으며, 극진한 서비스를 제공한다.

*** 먹거리**

야채를 이용한 요리와 메밀국수, 호바잎 위에 고기, 된장, 버섯, 양념을 섞은 호바 미소가 유명하다. 최근에는 뛰어난 육질의 히다규(히다지방 소고기)가 전국적인 명성을 얻고 있다.

레스토랑 르 미디 (Restaurant LeMidi) : 가지바시 인근 혼마치 도오리에 위치한 프랑스 요리 전문 레스토랑으로 히다 스테이크가 유명하다. 점심 2,000엔~ 영업시간 11:30~15:00, 18:00~21:30. 매주 목요일 휴무. **전화** (0577) 36 6386

히다 고쿠분지(國分寺)

다카야마 역에서 도시를 남북으로 흐르는 미야가와를 향하여 걷다보면 웅장한 다층탑이 세워진 고쿠분지를 만나게 된다. 다카야마에서 가장 오래된 사찰로 3층 목조탑과 수령이 1200년에 달하는 은행나무, 관세음보살입상과 약사여래좌상이 안치된 본당이 있다. 경내는 24시간, 본당은 9:00~16:00에 관람이 가능하다.

* 본당 관람료 300엔. 초등학생 250엔.

키친 히다(キシチソ飛騨) : 진야와 가까운 혼마치 도오리에 위치한 히다규 전문점. 뛰어난 맛으로 여행객과 시민들에게 인기. 영업시간 11:30~14:45, 17:00~19:45. 매주 수요일 휴무. **전화** (0577) 36 2911

쿄야(京か) : 오신마치에 위치한 히다 향토요리점. 히다규, 신선한 생선요리, 산촌요리를 즐길 수 있다. 점심 700엔~ 저녁 3,000엔~. 영업시간 11:00~22:00. 매주 화요일 휴무. **전화** (0577) 34 7660

히다 육회(飛騨 ユッケ) : 소고기를 마치 생선 초밥처럼 만들어 먹는 것으로 산마치 거리에서 가장 인기 있는 간식이다.

미타라시 단고(みたらしだんご) : 쌀가루로 만든 모치 떡을 꼬치에 끼고 소스 양념을 발라 불에 구운 것으로 다카야마의 명물. 1개 60~100엔.

데야키 전병(駄菓子) : 쌀가루에 간장을 넣어 반죽해 말린 후 불에 구운 과자.

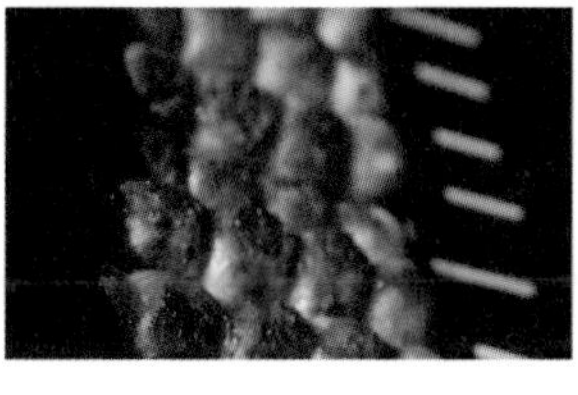

[다카야마 명물]

사루보보(さるぼぼ) : 붉은 천으로 만든 인형으로, 얼굴에 눈, 코, 입이 없다. 히다 지방 할머니들이 손자소녀에게 액막이용으로 만들어준 것에서 비롯된 일종의 부적 인형이다. 붉은 색에서 지금은 다양한 색의 인형이 있다. 블루는 공부와 취업, 핑크는 사랑, 그린은 건강, 옐로는 경제, 블랙은 액막이를 의미한다.

2 둘째 날

다카야마역 → 시라카와고 → 다카야마 → 산마치 산책 → 게로온천

다카야마에서 시라카와고까지는 1시간 정도 걸린다. 버스로만 갈 수 있고, 다카야마 혹은 가나자와에서 출발하는 버스가 있다. 8시 50분 버스를 타고 시라카와고로 가서 먼저 시로야마 전망대에 올라보자. 산으로 둘러싸인 곳에 뾰족 지붕을 한 집들이 옹기종기 모인, 그림 같은 마을이 나타난다. 메이지 유신을 거치면서 급속한 도시화가 이뤄졌지만 시라카와고(白川郷)는 옛 모습을 고스란히 지켜왔다. 지붕 모양이 두 손을 합장했을 때의 모습과 비슷해 갓쇼즈쿠리(合掌造)라 불리는 목조주택과 좁은 농지와 높은 산, 강이 어우러져 아름답다. 인근 고카야마의 갓쇼즈쿠리와 함께 1995년 세계문화유산으로 지정되었다. 내외국 여행객들이 많이 찾지만, 번잡하지 않고 마음이 푸근해지는 곳이다. 겨울이면 설경 속에 조명등이 설치되어 환상적인 풍경을 볼 수 있다.

미야가와 아침시장(宮川朝市)

www.asaichi.net : 미야가와 천변에 서는 아침시장. 다카야마에서 묵는다면 꼭 한번 가볼 만한 시장이다. 에도시대부터 이어져온 유서 깊은 시장으로, 일본 3대 아침시장으로 꼽힌다. 겨울에는 아침 7시부터, 그 외 계절에는 아침 6시부터 지역민들이 직접 재배한 야채와 된장이나 반찬류, 생필품 등을 가져와 판다. 지역민들은 물론이고 여행객들도 아침장을 보러 나와 잔잔한 활기가 넘친다. 물가도 싸고 덤도 주는 등 도쿄나 오사카와 비교할 수 없는 정감을 느낄 수 있다.

* 다카야마 역에서 걸어서 10분.
연중무휴. 4~10월 6:00~12:00, 11~3월 7:00~12:00까지.

시로야마 전망대

험준한 산으로 둘러싸인 시라카와고 마을과 주변을 한눈에 감상할 수 있는 최고의 전망대. 먼저 전망대에 올라 전체 분위기를 감상한 후 마을로 내려가 천천히 둘러볼 것을 추천한다.

야외박물관 갓쇼즈쿠리 민가원

시라카와고 주차장에서 다리를 건너기 전 오른편 언덕에 자리한 야외박물관. 갓쇼즈쿠리 9채가 있는데, 모든 주택은 개방되어 있다. 규모에 따라 2~4층으로 이루어진 집들은 10~30명의 대가족이 생활하였다고 한다. 이로리(일본식 화로)가 설치된 1층은 주방과 마루 등 공동공간과 노인을 위한 생활공간, 2~3층은 생활공간, 3~4층은 누에치는 공간으로 활용하였다.

* 8:40~17:00(12~3월 9:00~16:00). 성인 600엔, 어린이 400엔

와다 저택

개방된 갓쇼즈쿠리 가운데 원형이 잘 보존되어 있는 저택이다. 모두 4층으로 이루어져 있다. 1층의 이로리가 설치된 중심 공간과 가파른 계단으로 이어진 각 층은 양잠 등의 작업공간이 있어 산촌의 생활 모습을 엿볼 수 있다.

* 9:00~17:00. 성인 300엔, 어린이 150엔.

*** 교통**

www.gifubus.co.jp 예약제 운행

[다카야마 → 시라카와고]

① **노히버스 왕복승차권**(유효기간 10일) 4,600엔, 편도 2,600엔

JR다카야마역 옆 다카야마 히다 버스센터 (高山濃飛バスセンター)에서

→ 시라카와고 : 50분. 7:20, 7:50, 8:20, 8:50, 9:35, 9:50, 10:50 11:20, 11:50, 12:20, 12:50, 13:10, 13:50, 14:30, 14:50, 15:15, 15:50, 16:20, 17:50, 19:00.

시라카와고 → 다카야마 : 6:43, 9:35, 10:10, 10:45, 11:20, 11:40, 12:35, 13:15, 13:30, 14:00, 14:35, 15:15, 16:15, 16:35, 17:20, 18:10, 20:15

※ 파란색 평일에만 운행. ※ 빨간색 좌석예약 필수.

시라카와고 → 가나자와 : 편도 2,000엔, 왕복 3,600엔

japanbusonline.com/ko

나고야 → 게로온천 : 버스예약 0576-25-2541 왕복 4,500엔, 편도 3,300엔.

② **노히버스 시라카와고 1일 투어**

www.nouhibus.co.jp/korea

히다버스센터에서 8:30 출발.

고카야마와 시라카와고를 돌아본 다음 15:30분에 다카야마 도착.

가이드 안내와 점심 제공하는 비용이 성인 8,000엔 어린이 6,000엔(6~12세)이다. 가이드는 일본어로만 하며, 예약제이다.

빈 좌석이 있을 때에는 당일 아침 이용도 가능하다.

③ **반일 투어**

다카야마역 앞 정류장 8:10 출발 → 시라카와고 → 다카야마 12:20 도착. 시라카와고를 약 2시간 정도 돌아보는 투어로 성인 3,800엔, 어린이 2,000엔이다. 예약제이다.

* 시라카와고는 작은 마을로 걸어서 돌아볼 수 있다. 시로야마 전망대를 오가는 셔틀버스가 있다.

[다카야마 → 게로온천]

다카야마역에서 게로역까지 JR 다카야마 본선으로 약 1시간 11분 소요. 자유석 990엔. 지정석 1,650엔.

히다패스 이용 가능.

*** 숙박**

게로온천은 대형 온천 호텔을 비롯 중소규모의 료칸과 민박 등 다양하다. 료칸의 경우 1박 2식을 기본으로 제공하고 있으며 저녁 메뉴에 따라 숙박료가 달라지므로 요금과 시설은 www.gero-spa.or.jp/lg_ko 에서 37곳의 숙소 정보를 확인할 수 있다.

료칸 미야코(ミヤコ, www.miyako21.co.jp) : 예쁜 정원과 아늑한 객실을 갖춘 전통 료칸. 객실에 독립된 온천탕이 붙어 있어 여유로운 휴식을 취할 수 있다.

료칸 오가와야(小川屋, www.gero-ogawaya.net) : 히다가와 강변에 위치해 전망이 좋다. 내탕과 노천탕에서 바라보는 산과 어우러진 강변풍경이 장관이다.

3 셋째 날

게로온천 → 나고야 역 → 시내 관광 → 나고야 역 → 추부 공항

일본 3대 명천으로 알려진 게로(下呂) 온천은 기후현 대표 관광지다. 역사가 오랜 온천으로 호텔과 료칸 등 다양한 숙박시설이 있고, 온천병원 등 치료와 숙박을 겸하는 시설도 있다. 마을을 남북으로 가로 흐르는 히다가와(飛騨川)의 강변과 마을을 감싸는 산들이 이어진 풍광도 좋다. 강변의 낭만적인 노천탕 훈센치 온천과 마을 곳곳에 외탕과 족탕이 있어 온천 마을의 여유를 만끽할 수 있다.

훈센치(噴泉地)

히다가와에 바로 붙어있는 혼욕 노천탕. 55도를 유지하는 훈센치는 24시간 개방이다. 강변의 탁 트인 노천에는 낮에도 온천을 즐기는 사람이 있고, 어둠이 내리면 더 많은 사람들이 찾는다. 얼마 전까지 자유롭게 온천욕을 할 수 있었지만 최근에는 수영복을 입고 온천욕을 즐길 것을 권장하고 있다.

* 24시간 개방, 입욕료 무료.

갓쇼무라(合掌村)

시라카와고에서 옮겨온 갓쇼즈쿠리 양식의 전통가옥을 전시해 놓았다. 규모는 크지 않지만 잘 가꾸어놓은 정원과 어우러져 산책하며 둘러보기에 좋다. 시라카와고에 가지 않았다면 들러볼 만하다.

* 8:30~17:00 성인 800엔, 청소년 400엔, 연중무휴.
www.gero-gassho.jp/lg_ko (한글지원)

온센지(溫泉寺)

173개에 달하는 계단을 올라가면 만나는 온센지. 절을 뒤로 하고 내려다보면 마을이 한눈에 들어온다. 경내에는 게로온천 개탕(開湯) 전설의 주인공인, 백로로 변신한 약사여래상과 자료가 보관되어 있다. 절 뒤로 산책 코스도 있어 이른 아침 가볍게 걷기 좋다. 드라마 〈나쁜 남자〉의 무대가 되었던 곳이다.

게로온천박물관

온센지 아래 자리한 박물관으로 온천에 관한 다양한 자료가 전시되어 있다.

* 9:00~17:00. 매주 수요일 휴관. 성인 400엔, 어린이 200엔.

*** 게로온천**

www.gero-spa.or.jp/lg_ko (한글지원) : 30여 곳의 온천 중 3곳을 선택 이용할 수 있는 온천어음 유메구리데카타(1,200엔)를 이용한다.

훈센치(噴泉地) : 혼욕노천탕으로 365일 24시간 개방, 입욕료 무료.

쿠아가든(クアガーデン, gero.jp/museum/roten.html) : 노천탕으로 이루어진 공동온천. 히다가와와 접하고 있다. 이용시간 8:00~21:00. 목요일 휴일. 요금 700엔, 청소년 400엔, 유아 200엔.

시라사기노유(白鷺の湯, gero.jp/museum/sirasagi.html) : 약 90년 역사를 자랑하는 공동온천. 대형 실내탕과 노천탕을 갖추고 있다. 10:00~22:00. 수요일 휴일. 요금 350엔, 초등학생 140엔, 유아 70엔.

사치노유(幸乃湯) : 성인 350엔, 초등학생 150엔, 유아 70엔, 화요일 휴무.

04

#홋카이도 후라노 #비에이 #아사히가와

들판 가득 허브의 향연이 펼쳐지는 곳

넓게 펼쳐진 구릉지대에 자리한 유럽풍 농가와 화려한 꽃, 허브가 어우러진 곳. 시원한 바람이 불어오는 파란하늘을 배경으로 펼쳐진 후라노와 비에이 들판의 풍경은 아름답다는 말로는 부족하다. 여름 여행지로 첫손에 꼽히는 곳으로, 청정한 아름다움을 자랑하는 홋카이도에서도 가장 돋보인다. 환상적인 풍광으로 사진작가들에게는 물론이고 영화, 광고 등의 촬영 명소가 되었다. 무더운 여름, 시원한 바람이 불어오는 홋카이도의 대자연으로 떠나보자.

*** 2박 3일 추천 일정** 신치토세공항(IN) – 후라노(1박) – 비에이(1박) – 아사히가와 – 신치토세공항(OUT)

*** 추천 시기** 여름과 겨울. 봄과 가을은 너무 짧다. 일상으로부터 탈출을 꿈꾸는 여행객에게 추천하는 코스로, 여유를 갖고 둘러보는 여행지.

*** 교통** JR로 신치토세공항에서 삿포로, 아사히가와를 경유해 후라노와 비에이로 이동한다. 여름이 시작되는 5월 8일부터 10월 10일 사이에는 신치토세공항에서 후라노까지 직행 기차가 운행된다. 신치토세공항에서 삿포로, 후라노, 비에이, 아사히가와, 오타루 지역을 여행할 경우 특급 자유석을 이용하는 4일 패스가 편하다. 한국에서 구입하면 성인 10,000엔, 어린이(6~11세) 5,000엔, 일본에서 구입하면 성인 11,000엔, 어린이 5,500엔. 홋카이도 JR 5일 패스는 한국에서 구입하면 성인 20,000엔, 어린이 10,000엔, 일본에서 구입하면 성인 21,000엔, 어린이 10,500엔.

후라노, 비에이 : 자전거를 타고 천천히 둘러보는 것이 가장 좋지만, 언덕이 많아 체력에 자신 없다면 로컬 기차와 투어버스를 이용한다.

아사히가와 → 삿포로 : JR 특급으로 1시간 30분 소요. 약 30분 간격으로 운행, 자유석 4,690엔. 지정석 5,220엔

아사히가와 → 비에이 : 640엔(편도)

JR 홋카이도 기차 정보 : www.jrhokkaido.jp/global/korean

후라노 비에이 Norokko호 : www.jrhokkaido.jp/global/korean (메뉴→여행정보→관광열차)

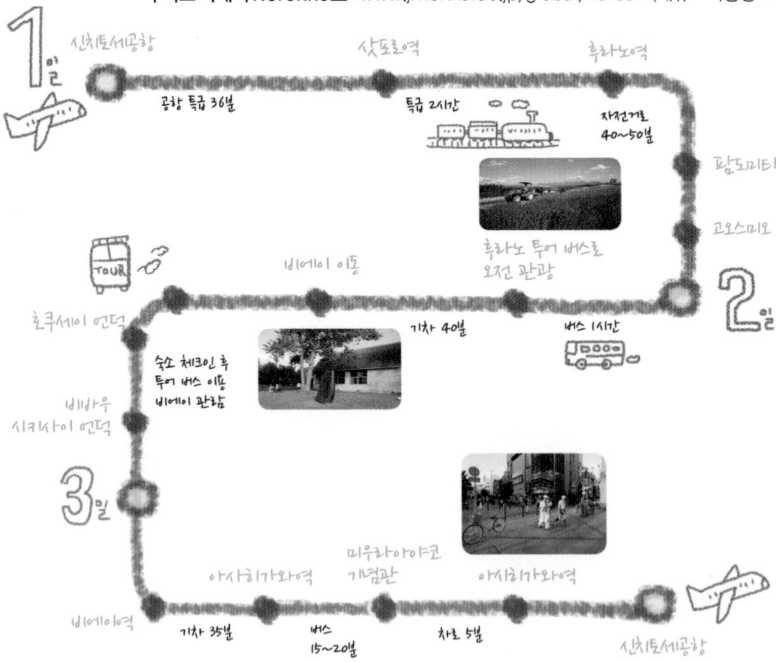

*** 여행 정보** **후라노 :** www.furanotourism.com (한글지원)

비에이 : www.biei-hokkaido.jp (한글지원)

JR 패스 : 신치토세 공항에서 후라노와 비에이, 오타루, 아사히가와, 삿포로 등을 여행하려면 4일짜리 패스가 가장 저렴하고 편리하다.

*** 숙박** 후라노와 비에이 지역에는 20여 곳의 호텔과 민박, 펜션 등이 있다. 6월 말부터 8월 15일 사이는 하이시즌이라 3개월 전에는 예약해야 한다.

코로나 팬데믹 기간 이후 홋카이도 버스 투어 상품이 사라지거나 많은 변화가 생겼다. 각 지방단체에서 운행하는 프로그램도 바뀌고 있어 공식 사이트를 참조해서 여행 계획을 세워야 한다. 후라노, 비에이 지역 공식 사이트와 공식 버스투어 사이트는 한글 지원을 하고 있다.

*** 후라노 관광협회 공식 사이트** www.furanotourism.com/jp
정기 관광버스 안내 페이지 www.furanotourism.com/jp/static/access.php

*** 후라노 버스 사이트** www.furanobus.jp
라벤더호 안내 페이지 www.furanobus.jp/lavender/

*** 비에이쵸 관광협회 공식 사이트** www.biei-hokkaido.jp
버스 안내 페이지 www.biei-hokkaido.jp/ja/bus

*** 히카리 교통 버스 사이트** hikarikoutsu.com
버스 투어 안내 페이지 hikarikoutsu.com/#bustour

1 첫째 날

신치토세공항 → 삿포로역 → 후라노역

보랏빛 라벤더 밭이 끝없이 펼쳐진 후라노. 지친 몸과 마음에 대자연의 아름다움과 생기를 불어 넣어주는 코스다. 드넓게 펼쳐진 언덕을 돌며 자연의 아름다움을 만끽할 수 있다. 발길 닿는 대로 천천히 걸으며 마음껏 숨쉬고 몸을 움직여 보자. 온몸이 기쁨으로 채워지는 것을 경험할 수 있다.

후라노 치즈 공방

아름다운 자작나무 숲에 위치한 곳.
카망베르 치즈가 만들어지는 것을 유리벽 너머로 볼 수 있으며, 아이스크림 공장과 피자 공장에서 직접 버터나 아이스크림·빵·치즈 등을 만드는 프로그램도 운영한다. 베이커리 실습은 사전 예약이 필수다. 2층의 숍에서 다양한 치즈를 시식하고 살 수 있다. 별채로 지어진 아이스크림숍은 외관부터 독특한데, 원유가 풍부한 다양한 아이스크림을 맛볼 수 있다.

* 9:00 ~17:00(4~10월, 11~3월 16:00).

팜 도미타(ファーム 富田)

후라노의 팜 도미타는 홋카이도를 대표하는 농원. 연간 백만 명이 찾는 곳으로 1903년 설립되었다. 1958년에는 라벤다를 재배하기 시작했고 크로커스, 수선화, 튤립, 사루비아, 프레텐시스, 해당화, 라벤다, 안개꽃, 코스모스 등 4월 말부터 10월 초까지 각종 꽃을 감상할 수 있다. 1976년 JR 달력에 농장의 모습이 실리면서 전국적으로 유명해졌다. 최고 시즌은 라벤더가 피는 6월 말부터 8월 중순. 드넓은 농장 내에는 미술관, 카페, 허브숍 등 다양한 시설이 있다. 라벤더 소프트 아이스크림과 감자 고로케는 꼭 맛보아야 할 간식이다.

* 6월 9일~8월 31일까지 임시로 설치되는 라벤더 하타케역에서 도보로 10분. 8:30~18:00, 9~5월 16:30.

*** 교통**
농장 등 주요 명소간의 거리가 멀어 자전거를 이용하는 것이 좋다. 자전거 대여소는 후라노역 주변에 있다.

*** 숙박**
다양한 숙박시설은 관광협회 홈페이지 참조.

나츄락스 호텔(Natulux Hotel, www.natulux.com) : 후라노역 건너편에 자리한 현대적인 숙박시설. 교통이 편리해 짧은 시간에 여러 곳을 돌아보기에 좋다. 1인(조식 포함).

*** 먹거리**

미카즈키 라멘(三日月) : 후라노역에서 중심가를 향하다보면 모퉁이에 위치한 작은 라멘전문점. 담백한 미소라멘부터 매콤한 라멘까지 다양하다. 영업시간 11:00~16:00. 연중무휴. **전화** (0167) 22 2139.
한게쯔(半月) : 후라노역과 중심가 사이에 위치한 메밀 요리 전문점. 영업시간 11:30~21:30. 휴일은 매월 다르다. **전화** (0167) 22 0740.

2 둘째 날

후라노 → 비에이 켄과 메리 나무 → 호쿠세이 언덕 → 비바우 시키사이 언덕 → 철학자의 나무

언덕 마을 비에이는 자연천국을 연상시킨다. 비에이에 반해 10여 년간 사진을 찍은 작가 마에다 신조의 사진집과 광고, 영화, 드라마의 배경으로 등장하면서 지금은 홋카이도의 대표적인 여행지가 되었다. 후라노에 비해 꽃과 허브 재배 면적은 적지만 더욱 목가적인 분위기이다. 특히 패치워크길과 파노라마로드는 광고와 드라마의 촬영지로 유명한 곳이 많다.

켄과 메리 나무

비에이 서쪽 언덕 위의 나무. 1972년 자동차 광고에 등장하면서 유명세를 타기 시작했다. 두 개의 언덕 사이에 서 있는 켄과 메리 나무는 바라보는 위치에 따라 전혀 다른 분위기를 연출하는 낭만적인 장소로 여러 편의 영화와 드라마의 배경으로 등장했다. 후라노 비에이 지역에서 가장 인기있는 곳이다.

* 비에이역에서 자전거로 30분.

호쿠세이 언덕

켄과 메리 나무 건너편의 언덕으로 비에이와 주변 풍경을 가장 잘 볼 수 있는 곳. 계절마다 라벤더와 수선화 등이 피고, 언덕과 구릉에 펼쳐진 나무, 메밀밭, 감자밭이 아름답게 어우러져 있다. 특히 잔설이 남은 웅장한 산을 배경으로 메밀꽃이 피었을 때 가장 아름답다.

* 9:00~18:00. 입장료 무료. 비에이역에서 자전거로 30분.

비바우 시키사이 언덕

비에이 남쪽 비바우 언덕 위에 조성된 7헥타르의 넓은 농원. 높이가 비슷한 산과 언덕, 꽃이 어우러진 풍광은 후라노와 비에이를 망라하여 가장 아름답고 낭만적이다. 봄을 알리는 수선화부터 아일랜드 포피, 블루엔젤, 라벤더, 루피너스, 해바라기까지 시기를 달리하며 아름다운 꽃들이 피어나 많은 이들이 찾는다.

* 9:00~18:00. 입장료 무료. 비바우역에서 도보로 45~50분, 자전거로 15분.

비바우 철학자의 나무

비바우 시키사이 언덕에서 2킬로미터쯤 떨어진 언덕 위의 나무. 언뜻 '켄과 메리 나무'와 비슷해 보이지만 농경지 한가운데 서 있어 원시 자연 그대로의 낭만이 더욱 잘 살아있다.

* 비바우역에서 자전거로 30분.

*** 숙박**
비에이 숙박 정보는 www.biei-hokkaido.jp/ko/hotel (한글지원)을 참조하면 된다.

*** 먹거리**
준페이(純平) : 비에이역 뒤편 골목에 자리한 음식점. 돈가스와 튀김요리를 중심으로 여러 덮밥과 닭요리 등을 제공한다. 영업시간 11:00~19:00 월요일 휴무. **전화** (0166) 92 1028.
소바텐(そば天) : 비에이역에서 도보로 2~3분 거리에 위치한 소바 전문점. 직접 손으로 뽑은 면이 유명하다. 영업시간 11:00~22:00 6~8월 월요일 휴무, 9~5월 일요일 휴무. **전화** (0166) 92 1463.

*** 살거리**
라벤더 향수와 양초 등 다양한 허브용품이 인기이다.

3 셋째 날

비에이 → 아사히가와 미우라 아야코 문학관 → 신치토세공항

아침 일찍 홋카이도에서 두 번째로 큰 도시, 아사히가와로 간다. 아이누족의 문화를 엿볼 수 있는 아라시야마 공원이 있고, 《빙점》의 작가 미우라 아야코의 문학관과 견본림이 유명하다. 겨울에는 눈축제가 열리고 낭만적인 비에이 강변의 설경이 특히 아름답다.

미우라 아야코 기념문학관 (三浦綾子 記念文學館)

www.hyouten.com : 외국 수종 견본림 입구에 위치한 문학관. 미우라 아야코의 대표작 《빙점》을 비롯해 그의 소설과 수필집, 신문에 연재한 작품이 전시되어 있다. 그녀를 사랑한 독자들이 성금을 모아 지은 문학관이라 더욱 뜻깊다. 결핵과 직장암, 파킨슨병 등 평생 병마에 시달리면서도 소설과 수필을 썼고, 《빙점》으로 국민작가가 되어서도 아사히가와를 떠나지 않고 마지막 순간까지 이 도시에서 살았다. 집필할 때 쓰던 펜과 원고지 등 그녀의 생활용품도 전시되어 있다. 《빙점》의 주무대가 된 견본림 숲도 산책해보자.

* 9:00~17:00, 6~9월 매주 목요일, 10~5월 매주 월요일 휴관, 연말연시(12월 30일~1월 4일) 휴관. 성인 700엔, 중학생 300엔. 아사히가와 여행정보 www.asta.or.jp/index_kr.html (한글지원).

*** 숙소**

[아사히가와]

눈축제 기간인 1월 말부터 2월 초, 여름 성수기인 6월 말~8월 중순 사이에는 예약이 필수다.

토요코인 아사히가와에키마에

(東横イン旭川驛前, www.toyoko-inn.com) : 아사히가와역 동쪽에 위치한 비즈니스 호텔로 모든 객실에서 Wi-Fi 사용이 가능. 코인세탁기 등 각종 편의시설을 갖춘 저렴한 숙소로 인기가 높다.

05

#홋카이도 삿포로 #비바이

삿포로 아트 투어

홋카이도 최대 도시이자 정치, 경제, 문화, 관광의 중심이다. 오랫동안 원주민인 아이누족이 살던 곳으로, 메이지 유신 이후 지금의 도시 형태를 띠면서 발달하게 되었다. 100년이 조금 넘는 역사이지만, 삿포로는 청정한 자연경관과 다양한 축제로 늘 많은 이들이 찾는다. 보랏빛 라일락 향기가 넘치는 봄, 오도리 공원의 시원한 분수와 드넓은 잔디밭에서 열리는 여름 맥주축제, 짧아서 더욱 강렬한 가을, 세계 3대 축제로 불리는 겨울 삿포로 눈축제까지 어느 계절이어도 좋다. 최근에는 축제의 도시에서 문화도시로 거듭나고 있다. 거대한 예술의 공원인 모에레누마 공원과 예술의 숲, 비바이에 조성된 아르테 피아짜 플라자는 자연 친화적인 예술공원으로, 대자연속에서 예술작품을 감상할 수 있는 아트투어로 적격이다.

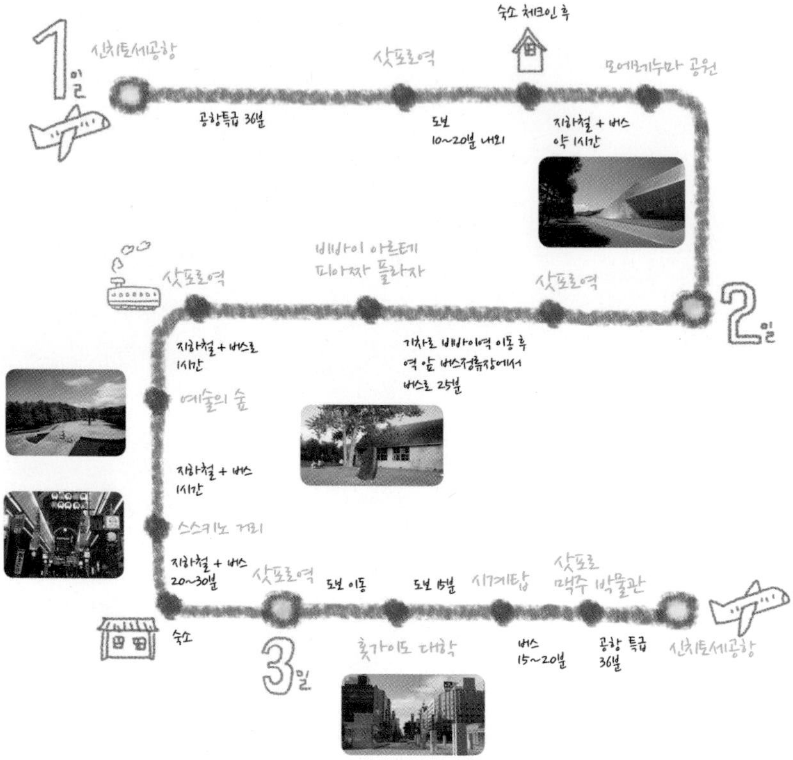

***2박 3일 추천 일정** 신치토세공항(IN) – 삿포로 숙소(2박) – 모에레누마 공원 – 아르테 피아짜 플라자 – 예술의 숲 –신치토세공항(OUT)

***추천 시기** 여름과 겨울. 선선한 날씨에 아름다운 꽃들이 들판을 가득 채우는 여름과 세계적인 눈축제가 열리는 겨울이 가장 좋다.

***교통** **신치토세공항 → 삿포로역 :** ① JR 쾌속에어포트 33~37분 소요. 성인 1,100엔, 어린이 550엔

② **버스 :** 1시간 10분 정도 소요. 10~15분 간격. 성인 1,100엔, 어린이 550엔

삿포로역 → 비바이 : 매 시간 2대 운행, 카무이 특급 35~39분, 성인 2,970엔, 어린이 1,540엔. 로컬(보통) 1시간 10분. 성인 1,290엔, 어린이 650엔

* **여행 정보** **삿포로 :** www.sapporo.travel (한글지원)
www.sapporo-info.com (한글지원)
신치토세공항과 JR 삿포로역 관광안내소에서 지도와 투어 팸플릿 등 다양한 정보를 제공한다.

* **시내 교통** 지하철과 노면천차, JR선의 노선버스가 있다. 삿포로역을 기준으로 오도리공원, 시계탑, 구청사 등 시내 명소는 걸어서 돌아볼 수 있다. 모에레누마 공원, 예술의 숲은 지하철과 버스를, 아르테 피아짜 플라자는 JR과 버스로 갈 수 있다.

* **숙박** 체인 호텔부터 비즈니스호텔, 저렴한 유스호스텔 등 100곳이 넘는 숙박시설이 있다. 평소에는 숙박에 어려움이 없지만 성수기인 7월 1일 ~ 8월 15일, 눈 축제가 열리는 1월 말~2월 초에는 사전예약이 필수다. 삿포로역 관광안내소에서도 숙소 안내를 한다.

비바이역.

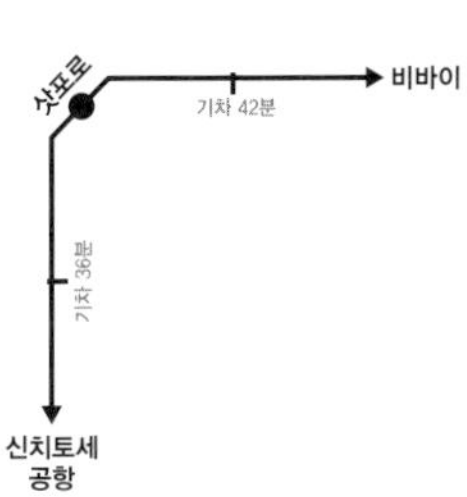

예술의 숲 조각 공원의 후쿠다 시게오의 〈의자가 되어 쉬어보자〉.

1 첫째 날

신치토세공항 → 삿포로 숙소 체크인 후 모에레누마 공원

먼저 모에레누마 공원으로 간다. 저녁까지 개방하여 조금 늦게 도착해도 큰 무리는 없다. 드넓은 모에레누마 공원에 들어서면 홋카이도의 넓은 땅을 실감하게 된다. 또한 모에레 산에서 보는 삿포로 풍광이 여행의 분위기를 한층 고조시켜준다.

모에레누마 공원(モエレ沼公園)

Moerenuma Park www.moerenumapark.jp (한글지원) : 2005년 폐기물 처리장이던 190헥타르에 친환경공원을 만들어 문화도시 삿포로의 진면목을 보여주고 있다. 조각가 이사무 노구치(ISAMU NOGUCHI)의 구상으로 만들어진 공원은 9개의 독특한 조각 작품을 중심으로 이루어져 있다. 동산처럼 보이는 모에레 산에 오르면 공원 전체와 삿포로 시내를 조망할 수 있고, 공원의 심볼격인 유리 피라미드는 루브르박물관 입구를 연상시키고, 높이 30미터의 거대한 스테인리스로 만든 조각품 '플레이 마운틴', 아이들이 좋아하는 벚나무 숲에는 봄이면 벚꽃이 피어나고, 물놀이를 즐길 수 있는 모에레 비치, 최대 25미터까지 솟아오르는 바다 분수는 밤이면 환상적인 조명이 들어온다. 그 외에도 다양한 작품이 드넓은 초록 잔디 위에 조성되어 있다. 갤러리, 식당 등 부대시설도 잘 갖추어져 있어 하루를 보내기에 좋다. 공원 내 부지가 넓어 자전거를 빌려 돌아보는 것이 좋다.

* 지하철 도호선(東豊線) 간조도리히가시(環状通東)역에서 하차, 버스 61번, 69번, 79번으로 환승, 모에레누마 공원 히가시구치에서 하차, 약 30~35분 소요. 연중무휴 7:00~20:00(동쪽 입구 기준), 남쪽, 서쪽 출입구는 19:00까지, 유리 피라미드 매주 월요일 휴관, 무료.

2 둘째 날

비바이 아르테 피아짜 플라자 → 삿포로 예술의 숲 → 스스키노 거리

오전에 비바이로 이동해서 아르테 피아짜 플라자를 돌아보고 삿포로 시내로 들어온다. 점심 후 예술의 숲에서 자연과 예술 작품에 흠뻑 빠져보자. 저녁 시간에는 삿포로 최대 번화가인 스스키노 거리로 가서 식사와 신선한 삿포로 맥주로 하루를 마무리한다.

아르테 피아짜 비바이

Arte Piazza Bibai, www.artepiazza.jp (영어 지원) : 삿포로에서 차로 1시간 거리인 비바이(美唄)는 예전 탄광촌으로 유명했다. 지금은 드넓은 녹지에 조성된 조각공원 '아르테 피아짜 비바이(Arte Piazza Bibai)' 덕분에 예술도시로 거듭나고 있다. 전체 23헥타르 부지 내의 오래된 학교 건물과 체육관 등을 리뉴얼하고, 곳곳에 비바이 출신의 조각가 야스다 칸의 조각 작품들을 상설 전시하고 있다. 탄광촌과 폐교에 예술이란 멋진 옷을 입힌 야스다 칸의 '묘무(妙夢, 묘한 꿈)' 도 넓은 잔디밭 위에 전시되어 있다. 야스다 칸은 비바이의 탄광에 끌려가 강제 노역으로 죽은 한국인을 위한 위령비를 비바이 시민들의 성금으로 만들기도 했다.부산 비엔날레에 초청되었을 때 출품한 작품 '고요한 강'을 위령비로 하고 싶다고 제안하여 센텀시티 나루공원에 영구 전시되어 있다. 1992년 개원한 이 공원의 모든 작품은 자유롭게 만질 수 있고 모든 공간을 개방하여 친환경적이면서도 일상에서 예술을 자유롭게 즐길 수 있도록 한 것이 가장 큰 특징이다. 교실의 일부와 체육관은 갤러리 공간과 시립 유치원으로 사용하며, 다양한 체험을 할 수 있는 스튜디오 아르테와 찻집, 음식점도 있어 느긋하게 즐기기에 그만이다.

* JR 비바이역에서 차로 10분, 10:00~17:00, 매주 화요일 휴관.

삿포로 예술의 숲(札幌 芸術の森)

artpark.or.jp 삿포로시에서 운영하는 예술의 숲(Sapporo Art Park)은 울창한 숲속의 조각공원을 중심으로 회화, 유리, 공예, 도예, 목공예 등을 제작, 체험할 수 있는 공방이 있고, 악기나 연극 등을 배우고 연습할 수 있는 공간과 숙박 시설까지 갖추어져 있어 누구라도 창작활동에 참여할 수 있다. 우리나라에서는 보기 드문, 부러운 곳이지만 야외조각공원은 특히 그렇다. 7.5헥타르에 이르는 숲에 73점의 내로라하는 유명 작품이 자연과 멋진 조화를 이루고 있다. 노르웨이 거장 구스타프 비겔란, 이우환 등 국제적인 명성을 자랑하는 64명의 조각가가 참여했는데, 조각품과 설치된 주변 분위기가 잘 어울려 예술과 자연이 하나가 된 듯한 느낌을 준다. 2시간여 안내를 해 준 학예사의 설명으로는, 대부분의 작가들이 직접 공원을 찾아 자신의 작품이 설치될 공간을 결정하였다고 한다. 그래서인지 73점의 작품은 마치 원래 있었던 듯 자연과 조화를 이루고 계절에 따라 그 느낌도 달라진다.

* 지하철역 마코마나이에서 하차, 중앙 버스를 타고 예술의 숲 입구(미술관, 공예관 등) 혹은 예술의 숲 센터(야외미술관, 아트홀 등)에서 하차, 9시 45분~17시(6~8월 17시 30분까지), 야외조각공원 700엔, 중학생 이하 무료. 미술관은 전시에 따라 입장료 다름.

사토 츄료(佐藤忠良) 기념관

www.artpark.or.jp : 예술의 숲에서 빼놓지 말아야 할 것이 사토 츄료(佐藤忠良) 기념관이다. 오도리 공원의 조각상을 비롯해 각지에 작품이 설치된 사토 츄료는 미야기현 출신으로 13세부터 21세까지 청년시절을 삿포로에서 보냈다. 그는 인물을 모티브로 한 조각품을 많이 남겼다. 또한 미술서와 그림책 등을 남겨 어린이의 조형 교육과 풍부한 감성을 키우기 위한 활동에도 애써왔다. 기념관에는 가족과 아이를 모티브로 한 청동 조각·소묘 등의 작품을 전시하고 그가 그린 그림책과 작품집도 만날 수 있다. 워크숍 룸에서 다양한 창작 활동을 할 수 있다는 것도 특징이다.

* 9:45~17:00(6~8월 17:30, 11월 4일~4월 28일 15:30까지), 11월 4일~4월 28일까지 월요일 휴관, 야외조각공원 700엔에 포함. 중학생 이하 무료.

스스키노(すすきの)

www.susukino.gr.jp : 선술집, 바, 카페, 식당 등이 모여있는 삿포로의 중심가. 삿포로 가부키초로 불릴 정도로 5,000곳이 넘는 술집과 음식점이 모여 있다. 낮보다는 밤이 더 화려하고 활기가 넘치는 곳으로, 라멘집이 모여 있는 라멘 골목, 양고기요리인 징기스칸을 비롯한 향토요리, 스프커리, 생선 요리를 즐길 수 있는 음식점과 일본 소주와 맥주를 마실 수 있는 곳이 많다. 긴 아케이드로 이어진 다누키코오지에는 러시아풍, 영국풍 등 다양한 컨셉트의 작은 바와 음식점들이 즐비하여, 직장인들이 많이 찾는다.

* **교통**

비바이 아르테 피아짜 플라자 : 삿포로역 → 비바이역까지 JR 특급 42분 소요. 1시간에 2대씩 운행됨.

비바이역 광장에서 → 아르테 피아짜행 시내버스 : 200엔(버스 시간 6:30, 7:15, 8:25, 9:35, 10:40, 11:55, 13:25, 14:35, 15:45, 16:00, 17:05, 18:20)

삿포로 예술의 숲 : 토난보쿠센(南北(線) 종점인 마코마나이역(真駒驛)에서 하차(15~20분 소요). 2번 버스 정류장에서 102번 버스로 30~35분 소요.(1시간에 2대 정도 운행)

* **1일 패스** 지하철과 버스를 자유롭게 탈수 있는 1일 패스(성인 830엔, 어린이 420엔.)로, 예술의 숲까지 갈 때 효과적이다.

3 셋 째 날

샷포로 시내 → 신치토세공항

이른 아침 홋카이도 대학을 가볍게 산책해보자. 그리고 오도리 공원, 구청사, 시계탑 등 시내의 주요 명소는 반나절 정도에 돌아볼 수 있다.

홋카이도 대학(北海道 大學)

www.hokudai.ac.jp : 1876년 설립된 삿포로 농업학교가 그 전신이다. 넓은 캠퍼스는 낭만적인 포플러 가로수길과 4,500여 종의 식물이 자라는 식물원과 시냇물이 흐르는 넓은 풀밭이 있어 좋다.

그 중에서도 이학부 건물 근처의 큰 포플러 가로수길은 일부러 찾아갈 만큼 멋있고, 매력적이다. 또 하나, 캠퍼스 끝자락에 위치한 농학교 제2농장에는 140년 전 지어진 서양식 축사와 농장 건물들이 있는데, 유럽의 여느 농장에 온 듯한 이색적인 분위기여서 둘러볼 만하다.

* JR삿포로역 북쪽 출구에서 도보로 5~10분 내외.

오도리 공원(大通公園)

www.sapporo-park.or.jp/odori : 삿포로 도심을 가로지르는 멋진 공원. 도심의 오아시스 같은 곳으로, 봄에는 정원에 아름다운 꽃이 피고 여름 밤이면 맥주의 도시 삿포로를 대표하는 맥주 가든이 열린다. 겨울이면 세계적인 눈축제가 열리는 사계절 축제의 공간이다. 드넓은 부지에 아름다운 꽃밭과 다양한 분수들, 숲과 정원 사이의 산책로가 있어 시민들과 여행자에게 좋은 휴식처이다. 공원 내에 텔레비전 타워가 있고, 구청사, 시계탑까지 도보로 갈 수 있다.

* 삿포로역에서 도보 5분.

시계탑

홋카이도대학의 전신인 삿포로농학교 연무장으로, 매 정시가 되면 종이 울려 시계탑으로 불린다. 1878년 지어진 이 건물은 학생들의 훈련장으로, 체육단련장, 중앙 강당으로 사용되었다. 미국의 서부 개척시기 유행하던 붉은 지붕의 흰 목조 건축 양식으로 지은 건물이 독특하다. 현재는 1층 전시실에 화재 당한 때의 에피소드와 시계탑에 얽힌 역사를 전시하고, 2층에는 실제로 시계탑에서 사용되는 하워드 회사의 시계 내부를 볼 수 있도록 하였다.

* 8:45~17:10, 넷째주 월요일, 연말연시 휴무, 200엔.

삿포로 맥주박물관 (サッポロビール博物館)

www.sapporobeer.jp : 삿포로 맥주공장의 예전 부지 건물에 들어선 박물관 겸 식음장이다. 일본의 유일한 맥주박물관으로 맥주산업의 도입부터 발전과정을 한눈에 볼 수 있도록 잘 꾸며져 있다.
홋카이도 개척시대 맥주부터 지금까지의 변천사와 맥주 제작, 대형 맥주저장탱크조 등 볼거리도 많다. 견학을 마치면 갓 만든 신선한 맥주를 마실 수 있는 시음장으로 연결되며, 다양한 종류의 맥주와 간단한 안주 등을 사서 마실 수 있다. 삿포로 맥주 기념품 등을 파는 매장도 있다.

* 9:00~18:30, 매주 월요일과 연말연시 휴무, 지하철 도호선 히가시쿠야쿠쇼마에 하차 후 도보 10분.

나카지마 공원(中島 公園)

스스키노 남쪽의 공원. 목재저장소에서 1887년 나카지마 유원지를 조성하면서 공원으로 새단장하였다. 이후 일본 정원, 영빈관, 콘서트홀, 천문대, 도립문학관 등이 지어지면서 지금의 큰 규모에 이르렀다. 호수를 중심으로 건물과 산책로가 잘 조성되어 있으며 일본 도시 공원 100선에 선정될 정도로 아름답다.

* 오도리 공원에서 도보 약 20분. 지하철 난보쿠센 나카지마코엔역 하차.

*** 교통**
삿포로 시내를 둘러보려면 지하철과 버스를 제한 없이 이용할 수 있는 1일권이 유리하다. 지하철과 버스 이용 1일권 830엔, 삿포로역에서 신치토세 공항까지는 공항특급으로 36분 소요, 요금 편도 1,100엔.

*** 숙소**
삿포로역, 오도리 공원, 스스키노 거리, 나카지마 공원 등에 호텔이 많다. 삿포로 근교로의 이동을 고려하면 삿포로역 근처의 호텔이 편리하고, 삿포로 시내에서 며칠 머무른다면 오도리 공원이나 나카지마 공원 근처도 좋다.
베스트웨스턴 피노 삿포로(sapporo.bwhotels.jp/kr) : 베스트웨스턴 체인 비즈니스 호텔로, 새로 지어 깔끔하고 세련된 객실과 외관이 돋보인다. 객실과 엘리베이터 등 호텔 내에서는 카드키를 이용. 삿포로역과 2분 거리, 홋카이도 대학과 바로 인접해 편리하다.

06

#홋카이도 하코다테 #노보리베츠, 오타루 #삿포로

홋카이도 낭만 즐기기

일본에서도 가장 이국적인 풍경의 홋카이도(北海道). 영화와 드라마, 광고의 촬영지로 자주 등장하고 소설의 배경이 되기도 할 만큼, 일본인들 사이에서도 꼭 가보고 싶은 여행지로 꼽힌다. 남한 면적의 약 80%에 해당하는 아주 넓은 섬으로, 아름다운 원시 대자연과 원주민인 아이누 마을이 있는가 하면, 미국식 계획도시인 삿포로, 러시아와 서구의 영향을 많이 받은 하코다테와 온천마을 노보리베츠, 겨울 낭만을 가장 잘 느낄수 있는 운하 도시 오타루 등은 홋카이도의 매력과 낭만을 즐기기에 가장 좋은 여행지이다. 6~8월에도 초가을처럼 선선하고 상쾌하며, 12~2월은 온통 눈 세상이어서 겨울의 낭만을 즐기기 좋다.

***3박 4일 추천 일정** 신치토세공항(IN) – 하코다테(1박) – 노보리베츠(1박) – 오타루 – 삿포로(1박) – 신치토세공항(OUT)

***추천 시기** 늦봄, 여름, 겨울을 추천한다. 늦봄에 해당하는 6월 초부터 8월 말까지가 가장 좋다. 후라노와 비에이의 라벤다 꽃밭은 7월이 최적기이며, 8월 초만 지나도 라벤다 등은 지고 없는 경우가 많다.
세계 3대 축제로 불리는 눈축제는 1월 말에서 2월 초에 열린다. 온통 설국으로 변하는 겨울여행도 매력적이다. 단 추위를 고려해야 한다.

***교통** 신치토세공항에서 하코다테, 노보리베츠, 오타루, 삿포로 등 주요 도시를 연결하는 JR이 가장 편리하다. 홋카이도는 넓은 섬이라 이동 시간이 많이 걸리고 기차요금도 비싸기 때문에 JR패스가 가격 면에서 유리하다. 홋카이도 레일패스 5일권(성인 20,000엔, 어린이 6~11세, 10,000엔)은 5일간 횟수에 관계없이 특급, 보통열차를 자유롭게 이용할 수 있다. * 6~12세 7,500엔, 6세 미만 무료.

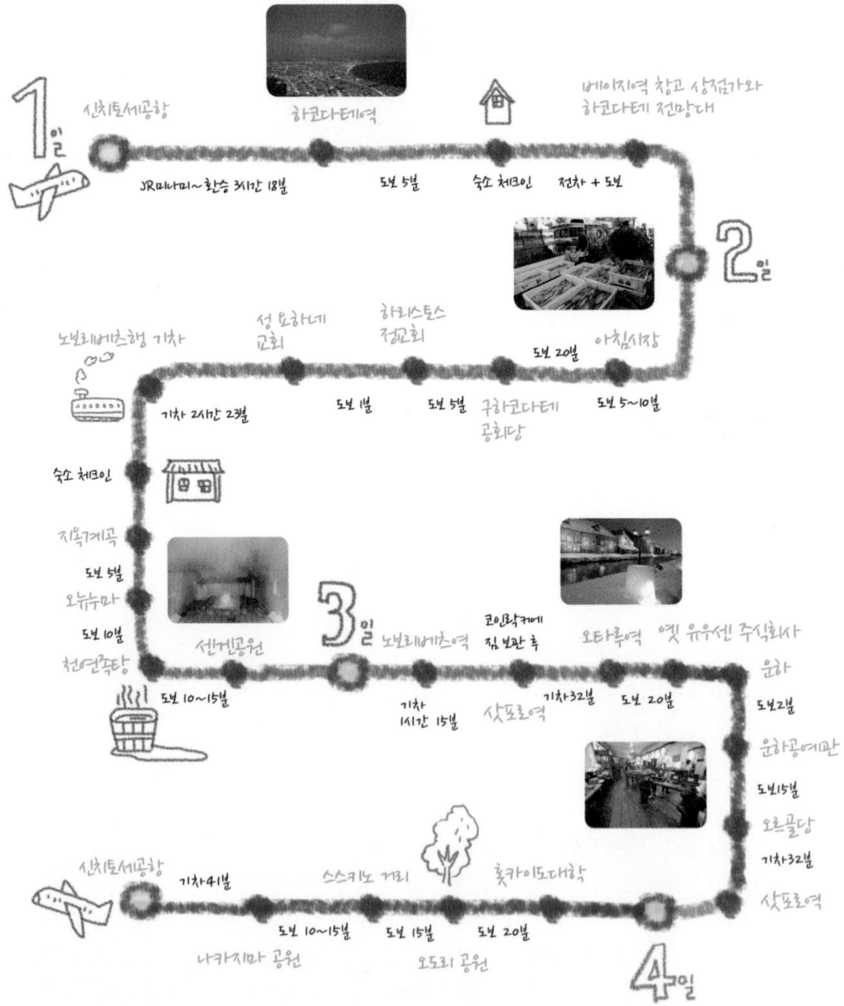

오타루 주요 거리와 운하지역에 만들어 놓은 얼음 조형물.

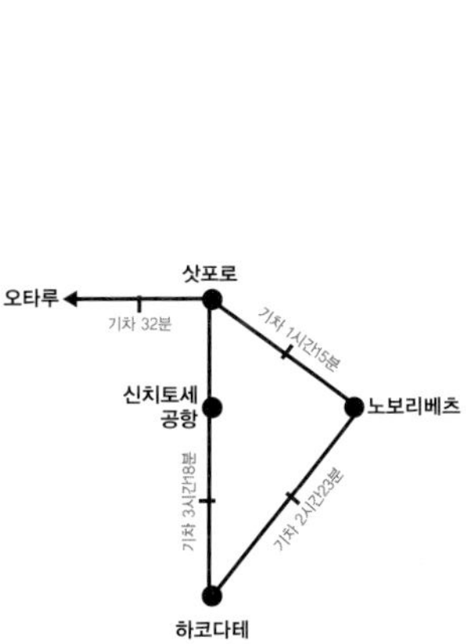

*** 여행 정보**
하코다테 : www.hakodate-kankou.com/kr (한글지원)
노보리베츠 : www.noboribetsu-spa.jp (한글지원)
오타루 : www.otaru.gr.jp (한글지원)
삿포로 : www.sapporo-info.com, www.sapporo.travel

*** 교통편**
신치토세공항 → 하코다테 : 특급 매일 11회 운행, 3시간 18분 걸린다. 3박 4일 동안 하코다테, 노보리베츠 등을 효과적으로 둘러보려면 홋카이도 JR패스가 유리하다.
노보리베츠역 → 삿포로역 : 15편 운행, 첫차 7:27, 8:46, 9:13, 1시간에 1대꼴. 막차 21:51. 1시간 15분 소요.
삿포로역 ⇔ 오타루역 : 매시간 2~3대씩 하루 50편 넘게 운행된다. 특급 32분, 로컬 1시간.

*** JR홋카이도 패스** 한국에서 구입한 경우 신치토세 공항역이나 삿포로역에서 패스로 교환 후 사용. 현지의 삿포로역 등 주요 역에서 구매 가능. 5일 20,000엔. 5일 패스가 하코다테와 삿포로 왕복요금보다 저렴하다. 요금과 시간 확인 (www2.jrhokkaido.co.jp/ (한글지원))

*** 숙박**
하코다테 : 평소에는 예약에 어려움이 없지만 여름 성수기인 7월 중순부터 8월 중순에는 미리 예약해야 한다.
노보리베츠 : 대규모 온천 마을로 다양한 료칸 호텔이 많다. 전통 료칸은 거의 없고 대규모 숙소가 많다.
삿포로 : 홋카이도 최대 도시로, 삿포로역, 스스키노, 나카지마 공원에 호텔이 모여있다. 도심 외곽에도 고급 료칸과 대규모 체인호텔, 유스호스텔까지 다양한 숙박 시설이 있다. 7월 초부터 8월 중순, 눈 축제가 열리는 1월 말부터 2월 초에는 서둘러 예약해야 한다.

1 첫째 날

신치토세공항 → 미나미치토세 경유 → 하코다테로 이동
→ 베이 창고상점가와 전망대에서 야경

신치토세 공항에서 기차로 하코다테에 간다. 일찍이 개항하여 서양문물이 들어왔고, 항구로 번영했던 하코다테. 러시아풍 교회와 서양풍 건물들이 멋진 언덕 마을과 붉은 벽돌 창고가 늘어선 항구 주변이 주요 볼거리이다. 일본 도시 특유의 깔끔함에 서양풍의 근대 건물이 잘 어우러져 있어 아주 이색적인 분위기이다. 천천히 걸으며 여행 첫날의 여유를 즐겨보자.

하코다테 산 전망대에서 바라본 일본 최고로 손꼽히는 하코다테 야경.

베이 창고상점가

하코다테항의 붉은 벽돌 창고 건물이 늘어선 곳으로, 현지에서는 아카렌가(赤れんが) 창고라 부른다. 1887년 개항 이후 처음 창고업무를 시작한 곳으로, 지금의 건물은 1909년에 재건되었다. 오랜 세월 방치되다가 상점과 레스토랑 등으로 변신하면서 하코다테의 명물이 되었다. 겉에서 보기에는 비슷해 보이지만 가게마다 모두 개성있는 물건들과 인테리어로 꾸며져 있어 보는 즐거움이 가득하다. 지역 특산품과 인형, 액세서리 숍, 비어홀, 레스토랑과 카페, 전시관, 호텔 등 다양한 시설이 모여있다. 운하를 사이에 둔 베이하코다테는 교회와 크루즈, 카페 등이 운치를 더한다.

* 주지카이(十字街) 전차역에서 하차 5분, 도보 15분. 가게는 대체로 5~10월 9:30~19:00, 11~4월 10:00~19:00까지, 레스토랑 등은 21:30분까지.

하코다테 전망대

www.334.co.jp (한글지원)

하코다테 야경은 홍콩, 나폴리 야경과 더불어 세계 3대 야경으로 꼽힌다. 해발 334미터 하코다테산 정상의 전망대에서 보는 야경은 하코다테 최고의 볼거리로, 일본에서도 많은 이들이 찾는 곳이다. 맑은 날 낮에는 시내와 쓰루가 해협, 시모기타 반도까지 보이고 밤이면 보석을 뿌린 듯 아름다운 야경이 빛난다. 계절에 따라, 시간대에 따라 분위기는 사뭇 달라진다. 눈 덮인 겨울이 특히 아름답다.

* 주지카이 전차역 하차, 도보 10분. 로프웨이 5~10월 10:00~22:00, 11~4월 10:00~21:00. 편도 640엔 왕복 1,160엔.

*** 교통**

하코다테 외곽에 위치한 고료카쿠와 트라피스트 수도원을 제외한 지역은 걸어서 돌아볼 수 있다. 짧은 시간에 여러 곳을 돌아보려면 노면전차와 버스를 이용한다. 순환버스는 주요 명소로 바로 이어지며 1회 이용시 200엔이고, 노면전차는 200~250엔, 1일 자유이용권 600엔이다. 노면전차와 버스를 함께 이용할 수 있는 패스는 1,000엔 2일권 1700엔이다.

*** 숙박**

www.hakodate.travel/kr/information/accommodation

전통 료칸과 체인호텔, 비즈니스호텔 등 다양한 숙박시설이 있으며, 삿포로나 노보리베츠에 비해 저렴하다.

*** 먹거리**

해산물이 풍부해 신선한 생선회가 유명하다. 특히 오징어가 많이 잡혀 오징어 덮밥이 유명하다.

[하코다테 베이 식당가] 라비스타 호텔과 하코다테 베이 사이에 조성되어 있는 식당가로 생선회를 비롯하여 불고기, 우동 등 다양한 음식을 취급하는 음식점과 카페가 몰려 있어 선택의 폭이 넓다.

[아침시장] 하코다테역 앞 아침시장이 열리는 곳에는 십여 곳이 넘는 식당이 모여 있다. 대부분 생선회와 오징어 덮밥을 판다.

2 둘째 날

하코다테 어시장 → 모토마치 구시가 → 노보리베츠 이동 후 온천

아침 일찍 어판장과 아침시장을 둘러보자. 항구도시 하코다테를 제대로 느껴볼 수 있다. 아침을 먹은 후 전차를 이용하거나 걸어서 구하코다테 공회당, 하리스토스 정교회, 성 요하네 교회, 언덕길을 둘러본 다음 기차로 노보리베츠온천으로 이동한다.

하코다테 아침시장

JR 하코다테역에서 2분 거리에 있는 활기찬 시장. 매일 이른 아침이면 신선한 어패류와 야채, 과일 등을 파는 상인과 사람들로 가득하다. 식당도 많아 신선한 회덮밥을 즐길 수 있다.

* JR 하코다테역에서 도보 1~2분, 1~4월 6:00~12:00, 5~12월 5:00~12:00까지 영업.

모토마치(元町) 구시가

하코다테의 구시가(舊市街)이다. 일본 최초의 개항지이자 국제 무역항이었던 하코다테의 중심 거리로, 공회당, 교회 등 서양식 건물이 많이 남아있다. 국가지정 중요문화재인 러시아 정교회 건물인 '하리스토스 정교회'와 공회당, 성 요하네 교회, 가톨릭 교회 등이 있다. 하코다테산 중턱의 언덕에 거리가 조성되어 있어 바다를 내려다보는 풍광이 멋지다. 가장 유명한 언덕길인 하치만자카 등 거리가 아름다워 천천히 걸으며 돌아보기 좋다. 모토마치 공원에는 관광안내소가 있어 도보 여행의 시작점이 된다.

옛 하코다테 공회당(旧函館公會堂)

www.hakodate-kokaido.jp (한글지원) : 푸른 회색과 노란색이 어우러진 서양풍의 아름다운 2층 목조건물. 공원, 언덕, 주택, 항구를 동시에 조망할 수 있는 하코다테산 중턱에 있어 전망 또한 멋지다. 1910년에 지어진 일본 중요 문화재로, 석조와는 달리 독특한 분위기를 연출하고 있다. 화려한 연회장, 휴게 공간, 침실, 발코니 등을 갖추고 있어 당시의 분위기를 느낄 수 있다. 좌우대칭 건물로 일본 왕이 홋카이도를 방문할 때면 숙소로 이용하였다.

* 스에히로초 전차 정류장에서 도보 7분, 4~10월 9:00~19:00, 11~3월 9:00~17:00 성인 300엔.

하리스토스 정교회 (러시아 정교회ハリストス正教會)

일본에 세워진 최초의 러시아 정교회로, 흰색과 푸른색 지붕의 아름다운 건물이다. 1859년 처음 러시아 영사관 부속 교회로 세워졌고, 1907년 여름 화재로 손실된 것을 1916년 재건하였다. 비잔틴 양식의 정교회 건물은 국제항 하코다테의 이미지와 잘 어울려 가장 사랑받는 건물 중 하나이다. 종루에 6개의 작은 종이 걸려있고, 실내에는 예수와 제자들 성화로 장식되어 그리스와 러시아 정교회 내부와 비슷하다.

* 스에히로초 전차 정류장에서 도보 7분, 평일 10:00~17:00 토요일 16:00까지, 일요일 13:00~16:00. 성인 200엔.

*** 교통**

하코다테 → 노보리베츠 : 매일 11편의 특급열차가 운행되며, 2시간 23분 걸린다.

노보리베츠역 → 온천 마을 : 버스로 25분 소요되며, 매일 8회 운행된다. 노보리베츠역 출발 9:45, 10:36, 12:00, 13:15, 14:31, 15:30, 16:30, 20:04. 요금 340엔. 온천지역의 주요 관광지는 도보 가능.

*** 숙박**

하코다테에 비해 조금 비싸며, 봄과 가을이 성수기이다.
숙박, 관광, 교통에 관한 정보는 관광협회 홈페이지 참조.
www.noboribetsu-spa.jp/hotels (한글지원)

*** 먹거리**

온천 상점가를 따라 15곳 정도의 음식점과 9곳의 바, 카페 등이 모여 있다.(noboribetsu-spa.jp (한글지원))

후쿠안(福庵) : 버스정류장에서 상점가 방향 100미터쯤 위치. 메밀국수, 새우튀김 덮밥 세트 등이 가격대비 맛이 좋다.

라멘 엔가(縁家) : 센겐 온천공원에서 버스정류장 방향으로 약 100미터 지점의 라멘 전문점. 유황천라멘의 원조로 인기가 높다.

노보리베츠 :

지고쿠타니(地獄谷)

노보리베츠 온천을 대표하는 지옥계곡은 11헥타르에 이른다. 굿타라 화산활동으로 생긴 흰 연기가 곳곳에서 품어져 나오는 계곡의 반경은 450미터에 이른다. 유황냄새가 자욱하고 나무도 자라지 못하는 황량한 바위 계곡이 이어지는데, 곳곳에서 흰 연기가 피어나 마치 "도깨비가 사는 지옥"같다고 해서 지옥계곡이라 부른다. 노보리베츠온천의 료칸과 호텔에서 사용되고 있는 온천수 대부분은 이곳에서 솟아오르는 온천수를 파이프라인을 통해 공급받는다. 나무 데크를 따라 걸으며 구경할 수 있지만, 지고쿠타니 전망대에서 내려다보는 것이 제격이다.

* 마을에서 도보로 15분. 연중무휴.

오유누마가와 천연족탕 (大湯沼川 天然足湯)

오유누마 호수에서 솟아오른 온천수가 계곡을 따라 흘러내리는데, 1킬로미터에 달하는 계곡은 폭이 1~3미터 정도여서 족욕을 즐길 수 있는 곳이 많다. 자유롭게 족욕을 할 수 있는 천연족탕인데 통나무 의자와 벤치가 전부지만 이곳에 앉아 울창한 숲을 배경으로 온천물에 발을 담글 수 있어 인기가 높다.

오유누마(大湯沼)

지고쿠타니에서 10분 정도 더 걸으면 화산으로 생긴 커다란 화산 호수가 나온다. 둘레가 1킬로미터에 달하는 오유누마는 화산재로 인하여 형성된 재가 마치 늪을 연상시키는데 세계적으로도 매우 드문 독특한 풍광이다. 오유누마 화산호수의 바닥에는 섭씨 130도에 달하는 유황온천수가 연중 솟아오른다. 그래서 계절에 따라 조금씩 다르지만 주변의 표면도 늘 40~50도를 유지한다고 한다.

* 연중무휴 24시간 개방.

온천공원 센겐(泉源公園の間欠泉)

노보리베츠 온천에는 크고 작은 공원과 곰을 사육하는 목장 등이 있다. 온천 후 천천히 돌아볼 수 있는 이색적인 공원으로는 센겐공원이 있다. 지고쿠타니에서 흘러나오는 간헐천을 이용해 만든 공원으로 3시간마다 큰 소리를 내며 뜨거운 온천수와 증기를 뿜어낸다.

3 셋째 날

노보리베츠 → 삿포로 → 오타루

아침에 노보리베츠역에서 삿포로 경유 오타루로 이동한다. 낭만 여행지 오타루에는 아름다운 운하와 서양식과 일본식이 조화를 이룬 근대 건축물들이 늘어선 거리와 오르골당을 비롯한 아름다운 상점가가 여행자의 눈길을 사로잡는다. 일본은 물론이고 우리나라, 중국, 대만 등에서 온 여행객들도 많아 과연 여행자의 도시라 할 만하다.

오타루 운하(小樽運河)

항구 도시 오타루를 상징하는 곳. 1923년 길이 1140미터 폭 40미터로 만들어진 운하로, 예전에 선박의 짐을 창고로 운반하는데 이용되었다. 돌을 이용하여 이국적인 산책로를 조성하고 63개의 가스등이 불을 밝히면서 관광명소로 거듭났다. 특히 눈 오는 겨울밤, 운하와 눈에 비친 가스등 불빛이 낭만을 더한다. 낮보다는 해질녘이 더 분위기 있다. 운하 옆의 붉은 벽돌 창고는 유리공방이나 레스토랑, 공예품 가게가 들어서 늘 많은 이들로 붐빈다.

옛 일본유센 주식회사 오타루지점(旧日本郵船 小樽支店)

운하 근처, 북쪽에 위치한 옛 일본유센 주식회사 오타루지점은 홋카이도에서 보기 드문 르네상스 양식의 석조 건물이다. 러시아와 일본 사이에 맺은 포츠머스 조약에 따른 러일 회의가 열린 건물로 당시 모습대로 잘 보존되어 있어 오타루의 번영기를 짐작케 한다. 영화 <러브레터>에서 이츠키가 근무하던 도서관이기도 하다.

* 9:30~17:00, 일요일과 국경일 다음날 휴관, 관람료 성인 300엔, 고등학생 150엔.

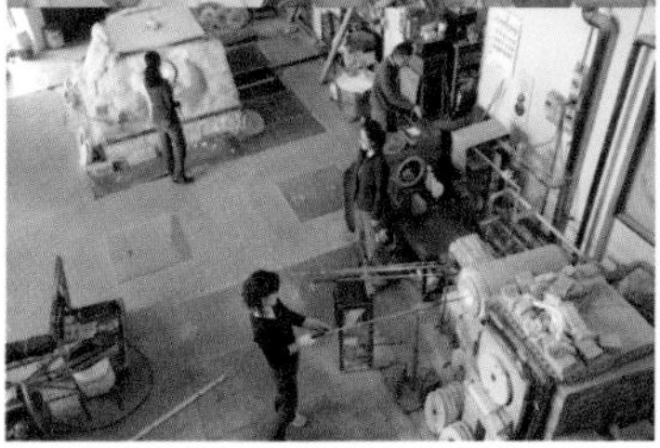

오타루 운하공예관 (小樽 運河工藝館)

운하에 늘어선 건물 중 가장 시선을 끄는 건물. 두 개의 둥근 돔이 세워진 이색적인 이 건물은 홋카이도 출신의 유리공예작가들 작품을 전시하고 판매하는 공예관이다. 화려하면서도 아름다운 유리공예품을 감상하고, 유리공예도 배우고 체험할 수 있어 한번쯤 들러볼 만하다.

* 5~10월 9:00~19:00
11~4월 9:00~18:00. 연중무휴, 무료입장.

오타루 오르골당(小樽 オルゴール堂)

메르헨 교차지점에는 일본 최대 오르골 전문점 오타루 오르골당이 있다. 건물 앞을 장식하는 스팀시계부터 눈길을 끄는데, 1912년에 지어졌다. 외관은 벽돌, 실내는 나무로 완성한 건물로 외장과 내장을 다른 소재로 하여 지은 창고를 오르골당으로 리뉴얼하였다. 실내에 들어서면 1, 2층을 가득 채운 놀랄만큼 다양한 오르골로 입을 다물기 힘들 정도. 초고가의 앤티크 오르골부터 비교적 저렴한 작은 오르골, 예쁜 액세서리 등이 많아 구경과 쇼핑을 동시에 할 수 있다.

* 9:00~18:00(여름철 금, 토, 일요일에는 9:00~19:00).

*** 교통**

온천 → 노보리베츠역 운행 버스 : 8:38, 9:45, 11:07, 12:35, 15:00, 15:51(1일 6회).
요금 성인 340엔, 어린이 170엔

노보리베츠역 → 삿포로 → 오타루 : 온천에서 아침식사 후 첫차로 노보리베츠역까지 이동. 특급열차를 타고 삿포로 경유, 오타루에서 내린다.

*** 먹거리**

운하 옆의 창고를 개조한 음식점과 스시집, 인근의 주요 상점가 등 음식점이 수백 곳이다. 운하지역의 창고를 개조한 음식점에서 스시, 대게, 징기스칸, 국수, 돈가스 등 다양한 음식을 즐길 수 있다.

와라쿠(和樂)) : 오르골당과 운하 사이에 자리한 회전초밥 전문점. 신선한 생선을 이용한 초밥이 맛있다.

미사키(崎)와 논논(ノンノン) 식당 : 새벽 4시부터 문을 여는 린유시장 입구에 나란히 자리한 식당. 신선한 생선요리를 먹을 수 있어 지역민에게 인기가 높다.

4 넷 째 날

샷포로 시내 반일 코스 → 신치토세공항

반나절 시간을 내어 삿포로 시내를 빨리 돌아본다. 삿포로역에서 가까운 홋카이도 대학은 캠퍼스가 아름다워 아침 산책으로 아주 좋다. 그리고 걸어서 이동 가능한 오도리공원, 구청사 등을 돌아본다.

홋카이도 대학(北海道大學)

홋카이도 대학의 전신은 1876년 설립된 삿포로 농업학교이다. 삿포로 농업학교에서 시작된 교정은 넓은 캠퍼스와 낭만적인 가로수로 인하여 오래 전부터 삿포로의 명소로 알려져 있다. 4,500여 종에 달하는 식물이 자라는 식물원을 비롯하여 다람쥐와 새가 함께 어울려 대도시에 자리한 대학이라고 믿기 어려울 정도로 자연친화적이다. 그중에서 가장 큰 볼거리는 이학부 인근에 조성되어 있는 커다란 포플러 가로수길이다. 계절마다 다른 매력을 연출하는 포플러 가로수 길은 방문객으로 하여금 탄성을 자아내게 만든다.

홋카이도청 옛청사(北海道庁 旧庁舎)

www.sapporo.travel/ko (한글지원) : 250만 개의 붉은 벽돌을 이용하여 건축한 옛 홋카이도 청사는 삿포로에서는 드물게 미국식 네오바로크 양식의 건축물이다. 1888년에 완공되어 청사로 이용되다가 현재는 개척시대의 역사적인 자료를 전시해 놓고 있다. '빨간 벽돌'이란 애칭을 지닌 구청사는 파란 하늘을 배경으로 서 있는 풍경도 멋지지만 해가 사라진 늦은 오후에 바라보는 것이 훨씬 아름답다. 구청사는 시계탑과 함께 국가 주요문화재로 등재되어 있다.

* 8:45~18:00. 연말연시(12월 29~1월 3일) 휴관, 관람료 무료.

오도리 공원(大通公園)

www.sapporo-park.or.jp/odori : 삿포로 도심 1.5킬로미터를 동서로 잇는 오도리 공원은 눈 축제 장소로 잘 알려져 있다. 봄에는 꽃이 피고 여름에는 맥주 가든이 조성되고 겨울이면 축제장소로 변모하여 시민들이 선호하는 최고의 휴식처이다. 화려한 꽃과 개성이 넘치는 분수, 숲과 정원 사이에 조성된 산책로로 이루어져 있으며, 동쪽에는 삿포로 명물 텔레비전 타워가 세워져 있다. 도시와 주변 풍광을 한눈에 볼 수 있는 텔레비전 타워에는 전망대를 비롯하여 레스토랑, 토산품 가게 등이 있다.

*** 숙박**

전통 료칸부터 국제적인 체인호텔, 유스호스텔 등 100개가 넘는 숙박시설이 있어 원하는 수준의 숙소를 구하는데 어려움이 없다. 단 7월 중순~8월 중순, 눈 축제 기간에는 예약 필수.

호텔 센추리(Century Royal Hotel Sapporo) : 기차역에서 도보 1분 거리에 위치한 접근성이 편리한 숙박시설이다.www.cr-hotel.com/ (한글지원)

파크 호텔(Sapporo Park Hotel) : 나카지마 공원에 인접한 넓고 한적한 숙박시설로 휴식을 즐기기에 좋다. www.park1964.com/ (한글지원)

*** 먹거리**

해산물부터 육질이 뛰어난 소와 양고기 요리, 라면과 샤브샤브 등 다양한 향토음식과 먹을거리를 즐길 수 있다.

만류 라멘 요코초 : 스스키노 골목에 위치한 라면골목. 골목을 따라 20여 곳의 전문집이 좌우로 늘어서 있다. **전화** 518 2427, 영업시간 11:00~04:00.

징기스칸 다루마 본점 : 삿포로 대표 음식 가운데 하나인 징기스칸은 양고기를 숯불에 익혀 먹는 것으로, 스스키노 골목에 있다. **전화** 552 6013, 영업시간 17:00~03:00.

가니코 본점 : 게요리 등 일품요리집. 스스키노역에서 가까워 찾기 쉽다. **전화** 231 5255, 영업시간 17:00~23:00.

07

#후쿠오카현 다자이후, 야나가와 #나가사키현 나가사키

큐슈 여행 1번지

오랫동안 일본의 관문 역할을 하며 행정의 중심이었던 다자이후, 학문의 신으로 추앙받는 스가와라 미치자네(菅原道真)를 모신 신사 등 큐슈의 역사 여행지라 할 후쿠오카, 그리고 서양문물이 가장 먼저 들어온 도시이자 최초의 원폭이 투하된 나가사키는 일본의 역사를 말할 때 빼놓을 수 없는 곳이다. 큐슈 역사여행의 1번지인 이곳과 함께 버드나무 흩날리는 낭만적인 운하 마을 야나가와를 돌아보며 도심의 일상에서 벗어나보자.

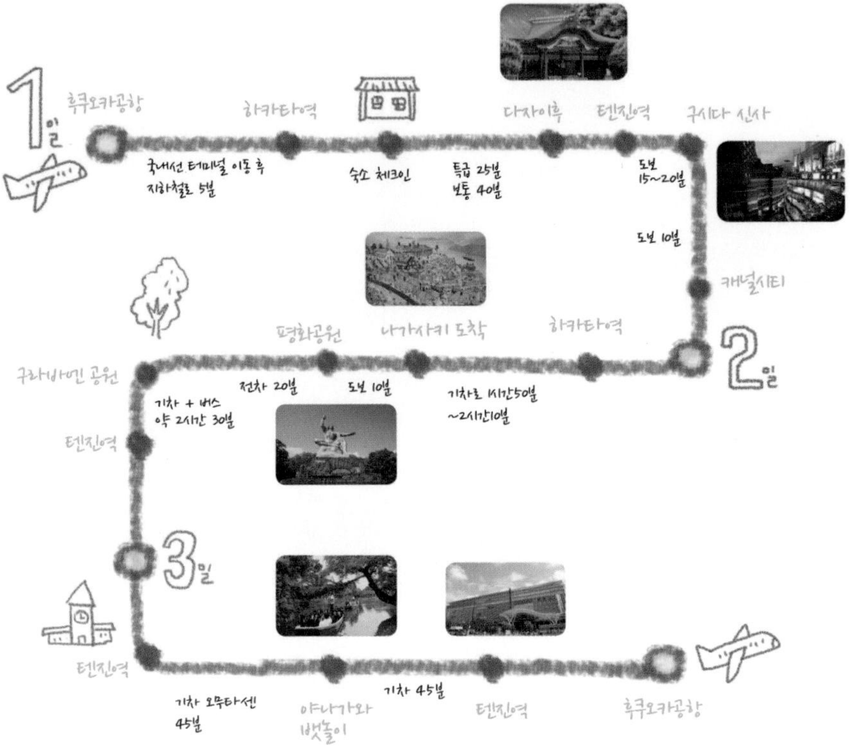

*** 2박 3일 추천 일정** 후쿠오카공항(IN) – 후쿠오카(2박) – 다자이후 – 나가사키 – 야나가와 – 후쿠오카(OUT)

*** 추천 시기** 봄, 가을, 겨울. 무더운 여름만 피한다면 언제라도 좋다. 버드나무가 늘어진 강변을 천천히 즐기고, 학문의 신이 있는 다자이후, 선진문화의 관문이자 전쟁의 참상을 잘 보여주는 나가사키 여행은 인생에서 무엇이 중요한지 한번쯤 돌아보게 만든다.

*** 북큐슈 패스** 여러 도시를 이동해야 하므로 JR북큐슈 레일패스 혹은 산큐패스를 구입하는 것이 효과적이다. 후쿠오카에서 나가사키까지 왕복 교통비보다 저렴하다. 후쿠오카를 비롯 구마모토까지 JR노선을 자유롭게 이용할 수 있는 JR 북큐슈 레일패스 3일권 11,000엔. 구마모토까지 북부 큐슈의 고속버스, 시내버스 등을 3일간 자유롭게 이용할 수 있는 북큐슈 산큐패스 3일권 7,000엔.

다자이후 텐만구. 여러 건물이 중요문화재로 지정되어 있다.

* **여행 정보**

후쿠오카 : www.crossroadfukuoka.jp (한글지원)

다자이후 : dazaifutenmangu.or.jp/kr (한글지원)

나가사키 : www.nagasaki-tabi.com (한글지원)

야나가와 : www.yanagawakk.co.jp (한글지원)

기차역과 나룻배 선착장에서 지도와 안내 팸플릿을 제공한다.

후쿠오카 지하철 1일 승차권 : 지하철 1일 패스로, 할인혜택이 주어지는 곳도 많다. 평일 성인 600엔, 어린이 450엔.

니시테츠 버스 1일권 : 후쿠오카 시내 버스를 1일 동안 탈 수 있다. 텐진 버스센터, 하카타역 버스터미널, 관광안내소, 운전기사에게 구입 가능. 성인 900엔, 어린이 450엔.

* **숙박**

후쿠오카에서 숙박하면서 주변 도시로 이동한다. 하카타역, 텐진역 근처에 호텔이 밀집되어 있으며, 체인 호텔과 비즈니스 호텔, 게스트하우스 등 다양한 숙소가 있다. 입시철과 마츠리가 열리는 7월 중순은 사전 예약이 필요하다.

* **교통편**

후쿠오카 → 다자이후 : 텐진역(天神) → 후츠카이츠역(二日市)까지 이동(오무타선 특급 13분 소요) → 건너편에서 니시테츠 다자이후센으로 환승 → 다자이후역(5분). 특급과 보통 두 종류가 있으며 특급은 25분, 보통은 40분 정도 소요. 편도 400엔.

후쿠오카 → 나가사키 : JR하카타역에서 특급으로 1시간 50분~2시간 10분 소요. 오전 6시부터 밤늦게까지 25편이 운행된다. 북큐슈레일패스 가능.

버스 : 하카타역 옆의 버스터미널에서 고속버스로 2시간 30분 소요. 6:09분 첫차, 나가사키에서 막차 21:15분. 매시간 1~2대씩 운행된다. 산큐패스 이용 가능.

1 첫째 날

후쿠오카공항 → 후쿠오카역 → 다자이후 → 후쿠오카

후쿠오카 도착 후 바로 학문의 도시인 다자이후로 이동한다. 오랫동안 이 지역의 중심 행정기관이 있던 다자이후 시에는 크고 작은 유적지가 흩어져 있지만 대표적인 볼거리는 학문 신을 모신 다자이후 텐만구이다. 이른 봄이면 6천 그루의 매화나무에서 품어내는 향기가 환상적이고 초여름이면 창포가 만들어 내는 풍광이 장관이다. 후쿠오카로 돌아와 캐널시티 하카타, 혹은 텐진 거리에서 저녁 시간을 보낸다.

다자이후 텐만구(太宰府天満宮)

dazaifutenmangu.or.jp : 헤이안 시대 학자이며 정치가였던 스가와라 미치자네(管原道真)를 모신 신사이다. 매년 수험기간이 되면 일본 전역에서 찾아오는 이들로 북적이고, 평소에도 집안의 평안을 기원하는 많은 이들이 찾는다. 다자이후에 좌천된 스가와라 미치자네가 죽은 후(903년) 시신을 운반하던 소가 이곳에서 엎드려 움직이지 않자 그를 기리는 사당을 지은 것이 기원이라고 한다. 전국 텐만구의 본원으로, 본전을 비롯해 보물전 등 여러 전각이 있고 연못을 중심으로 한 정원과 참배길 등 경내가 넓어 다 돌아보는 데 꽤 시간이 걸린다. 1591년에 건립된 본전은 일본 중요문화재이며, 6천 여 그루에 달하는 매화나무와 창포가 피는 연못, 천연기념물인 뿌리가 이어진 부부나무 등 자랑거리가 많다. 매화나무 중에서도 본전 건물 우측의 토비우메(飛梅)가 가장 유명하다. 미치자네를 따라 교토에서 하룻밤에 날아왔다고 전해지는 매화나무, 누워 움직이지 않았다는 소의 동상 등 전설이 얽힌 곳이 여러 곳 있다.

후쿠오카:

큐슈 최대 도시로, 한반도와 중국으로부터 불교와 한자 등의 선진문명을 처음 받아들인 유서 깊은 문화 도시이다. 우리나라 포장마차격인 야타이 문화가 발달했고, 전국적으로 유명한 돈코츠 라멘, 모츠나베 등 먹거리가 다양해 더욱 활기찬 분위기이다. 여느 일본 도시보다 친숙하게 느껴진다.

캐널시티 하카타(キャナルシティ博多)

www.canalcity.co.jp/kr: 180미터의 운하가 흐르는 도심의 복합상업공간이다. 오피스텔부터 백화점, 쇼핑몰, 호텔, 공연장에 이르기까지 놀고 먹고 쇼핑하는 것이 한자리에서 해결되어 늘 젊은이들로 북적인다. 매시간 음악에 맞춰 솟아오르는 분수와 운하가 흐르는 친환경 조경으로도 유명하며, 전국의 유명 라멘집이 입점한 라멘스타지움도 명소이다. 면적이 넓고 볼거리가 많아 지도를 준비해 미리 체크하면서 둘러보자.

* 하카타역에서 버스 10분.

구시다 신사(櫛田神社)

후쿠오카 도심에 위치한, 757년 창설된 유서 깊은 신사이다. 부와 불로장생을 상징하는 신을 모신 구시다 신사는 후쿠오카 마츠리에 사용하는 커다란 가마인 기온야마가사를보관하고 있다. 기온야마가사는 인형과 전등으로 화려하게 장식된 가마를 짊어지고 거리를 행진하는 축제다. 유구한 역사를 자랑하듯 신사 내에는 거목들이 즐비하다. 우리나라와도 연관이 깊은데, 역사의 치욕인 명성황후 시해에 사용된 칼이 이곳 신사의 역사관에 보관되어 있다.

* 텐진역에서 도보 5분. 연중무휴, 신사 앞 하카타마치야 후루사토칸 전시관은 9:00~16:30, 월요일 휴관. 관람료 200엔.

텐진(天神)

www.tenchika.com : 큐슈 전체에서 가장 번화한, 후쿠오카 최고의 상점가 거리이다. 이무즈 빌딩을 비롯하여 유명 백화점과 대형 쇼핑몰이 밀집되어 있으며, 거대한 지하상가가 형성되어 있는 것이 특징이다. 600여 미터에 달하는 지하상점가에는 150곳이 넘는 개성있는 가게가 모여 있다.

* 상점가 10:00~20:00.

JR 하카타 시티

www.jrhakatacity.com : 후쿠오카 여행이 시작되는 JR 하카타 시티는 2011년 새롭게 단장한 하카타역과 백화점, 호텔 등이 모인 쇼핑과 문화공간이다. 후쿠오카와 큐슈 여행의 모든 정보를 제공하는 관광안내소가 있고, 유명 맛집들이 입점한 식당가와 호텔, 백화점, 레스토랑, 서점 등이 있어 모든 것을 한자리에서 해결할 수 있다. 유명 작가의 조각품 등 건물과 조경, 인테리어도 멋지고, 바로 옆에 버스 터미널과 비즈니스 호텔들이 늘어서 있다.

하카타 리버레인

www.riverain.co.jp : 후쿠오카 시내를 흐르는 하카타 강변에 위치한 종합시설 중 하나다. 일본 최고 체인호텔 중 하나인 오쿠라 호텔을 비롯하여 연극, 아트 갤러리, 레스토랑, 쇼핑숍 등 다채로운 시설이 모여 있는 명소다. 명품 브랜드숍이 늘어서 있고, 근대와 현대 아시아 미술을 한자리에서 감상할 수 있는 후쿠오카 아시아 미술관이 있어 인기가 높다. 또한 일본 최고 수준을 자랑하는 오쿠라 호텔에서 운영하는 고급 음식점이 있어 미식가의 발길이 이어진다.

* 하카타역에서 지하철 2정거장.
나카스 가와바타역.

*** 교통**

시내 : 하카타역, 캐널시티, 텐진 등은 거리가 가까워 버스로 이동할 수 있다. 도심을 순회하는 100엔 버스가 있어 편리하며, 외곽까지 이동한다면 지하철 1일권을 구입한다. 640엔.

*** 숙박**

JR 큐슈호텔(www.jrhotelgroup.com/kr/hotel/kr147.htm (한글지원) : 하카타역에서 도보 2분 거리에 위치한 넓고 깨끗한 비즈니스호텔. 야나가와, 나가사키, 다자이후 등 주변지역을 둘러보는데 편리하다.

토요코인 후쿠오카 역전(www.toyoko-inn.com (한글지원)) : 하카타역에서 도보 3분 거리. 1, 2호점이 나란히 있으며 모든 객실에서 WI-FI사용이 가능. 코인 세탁기와 아침이 제공된다.

하카타 미야코 호텔(www.miyakohotels.ne.jp/hakata/kr/index.html/) : 하카타역에서 도보 1분. 접근성이 좋다.

호텔 선라우트 하카타(www.sunroute.jp/korean/ (한글지원)) : 하카타역 바로 앞에 위치한 중저가 비즈니스호텔. 접근성이 편리한 숙소다.

*** 먹거리**

[후쿠오카]

먹거리의 천국이다. 해산물과 명란젓, 라멘, 닭요리, 모츠나베 등이 특히 유명하다.

스게츠(水月, www.suigetsu.co.jp) : 일본 음식 100선에 선정될 정도로 유명한 닭요리 전문음식점으로 진한 국물과 야채가 어우러진 닭요리가 일품이다.

[다자이후]

많은 관광객이 찾는 곳으로 유명 음식점이 많다. 대부분 오모테산도 거리에 모여 있다.

고코앙(古香庵) : 다자이후 덴만구 입구의 산채 두부 요리점. 11:30~16:30 휴일은 부정기적임. **전화** (092) 925 2525.

카사노야(かさの家, www.kasanoya.com) : 수험생과 학부모들이 즐겨 찾는 합격 도시락으로 유명한 곳. 가게 안의 작은 정원이 아름답다.

테라다야(寺田屋, www.umegaemochi.co.jp) : 다자이후 명물 우메가에 모치 전문점. 많은 이들이 찾는 명소이다.

2 둘째 날

하카타역 → 나가사키 평화공원, 구라바엔 공원 산책 → 후쿠오카 시내

아침 일찍 나가사키로 간다. 평범한 어촌 나가사키는 16세기 포르투갈, 스페인, 네덜란드와의 교류로 국제적인 도시로 거듭났다. 천주교 박해로 많은 이들이 목숨을 잃은 순교자의 도시로도 유명하다. 제2차 세계대전 당시 히로시마와 더불어 인류 역사상 처음 원자폭탄의 폭격을 받은 이후 이제는 평화를 상징하는 도시가 되었다. 파란만장한 역사를 지닌, 동서양 문화가 공존하는 나가사키로 떠난다.

서양식 건물이 즐비한 나가사키를 그려놓은 그림

26인의 성인순교 성당

나가사키역에서 나지막한 언덕을 오르면 니시자카 공원이 나오고, 공원 가운데 스페인 출신 사제와 수사를 비롯한 26인의 순교자가 새겨진 커다란 조형물이 보인다. 1597년 도요토미 히데요시가 천주교 금지령을 내린 이후 일본 최초로 순교한 26명의 성인을 기념한 것이다. 순교자들은 이 언덕이 예루살렘의 골고다 언덕과 비슷해 이곳에서 죽기를 간청했다고 한다. 순교기념비 옆에는 26인의 성인에 관한 자료가 전시된 기념관이 있고 그 옆으로 스페인 양식의 기념 성당이 있다.

* JR 나가사키역에서 도보 5분, 기념관 9:00~17:00 입관료 500엔.

평화공원과 기념상

평화공원 끝에는 평화기념상이 세워져 있다. 나가사키 출신 조각가 기타무라 세이보의 작품으로, 5년에 걸쳐 9.7미터, 무게 30톤으로 제작된 초대형 조각상이다. 한 손은 하늘을 향하고 다른 손은 옆으로 펼치고 있는데 두 손은 전쟁과 평화를 의미하며, 눈을 감은 모습은 희생자의 명복을 빈다는 의미를 담고 있다. 일본 전역에서 보내온 종이학을 모아놓은 작은 부속 건물도 자리하고 있다. 그러나 평화 기념상에도 전쟁을 주도하여 수많은 사람을 죽음으로 몰아넣은 반성이 없어 보는 이의 마음을 무겁게 만든다. 건너편에는 원폭으로 파괴된 우라카미 성당이 재건되어 있다.

* 평화공원과 기념상 연중무휴 24시간 개방,
우라카미 성당 화요일~일요일 9:00~17:00.

원폭자료관

원자폭탄이 떨어진 곳 일대에 조성된 공원 안에는 전쟁의 참혹함과 원폭의 위험성을 알려주는 원폭 자료관이 들어서 있다. 원자폭탄이 투하되어 넓게 파헤쳐진 땅과 기둥 일부가 남은 우라카미 성당, 주변 건물의 잔해가 당시의 참혹함을 말해준다. 원폭 낙하지점 건너편 언덕의 자료관에는 원폭 투하 시점부터 피해자료, 원폭의 위력을 설명하는 자료를 전시하고 있어 평화를 기원하는 많은 이들이 찾는다. 원폭이 얼마나 처참한 결과를 가져오는지 실감할 수 있는 공간으로 손색이 없으나, 전쟁을 일으킨 당사자로서 반성보다는 피해를 부각시키는데 주안점을 두었다는 점은 아쉽기만 하다.

* 노면전차(아카사코 행)로 15분. 마츠야마마치에서 내려서 도보 1분, 원폭자료관 5~8월 8:30~18:30, 9~4월 8:30~17:30. 관람료 200엔, 12월 29일~31일까지 3일간 휴무.

오우라 성당

나가사키는 가톨릭이 처음 전래된 곳이자 신앙의 중심지였다. 많은 가톨릭 유적지가 있는데, 항구에 인접한 오우라 성당도 그 중 한곳이다. 1864년 프랑스 선교사 프티장 신부가 지은 성당으로, 일본에 현존하는 목조 성당 가운데 가장 오래되었다. 화려한 제단과 스테인드글라스로 꾸며진 고딕과 바로크 양식이 혼합된 성당의 현관에는 성모상이 세워져 있다. 성당 건물은 일본 국보로 지정되어 있고, 부속 건물 중 일부는 나가사키 천주교 역사를 보여주는 전시장으로 사용되고 있다.

* JR 나가사키역에서 노면전차로 20분. 오우라 성당에서 하차.

구라바엔

www.glover-garden.jp : 오우라 성당에서 오른쪽으로 더 올라가면 나가사키 항구가 한눈에 들어오는 구라바엔 언덕이 나온다. 1863년 스코틀랜드 출신의 무역상인 토마스 글로버가 살던 저택으로, 1939년 미츠비시 중공업 나가사키 조선소에 매각할 때까지 그의 아들 내외가 살았다. 이후 나가사키 시에서 미츠비시 중공업으로부터 양도받아 단장하고, 옛 미츠비시 제2도크 하우스, 구 나가사키 지방재판소, 구 워커 저택, 구 링거 저택, 구 오르트 저택 등을 이 언덕에 옮겨와 복원함으로써 구라바엔(글로버공원)으로 불리게 되었다. 글로버 저택은 일본에 남은 최고의 서양풍 목조건물로 중요문화재로 지정되었다. 당시 나가사키는 외국 상인들, 막부 말기의 청년 지사들, 서양 학문을 배우려는 사람들의 열기로 가득찬 도시였다. 복원한 저택에는 당시 서양 문물과 외국인들의 생활상을 볼 수 있도록 꾸며 놓았고, 글로버 저택의 정원에는 오페라 '나비부인'의 프리마돈나인 미우라 다미키의 동상과 작곡가 푸치니의 동상이 세워져 있다.

* JR 나가사키역에서 노면전차로 20분. 오우라 성당에서 하차후 도보 7분. 8:00~18:00. 야간 개원 21:30(4월 29일~5월 5일, 7월 18일~10월 9일, 12월 22일~12월 25일). 입장료 성인 620엔.

*** 교통편**

나가사키 시내 : 주요 명소가 연결되는 노면전차를 이용한다. 1일권 600엔, 1회 이용권 160엔. 나가사키역 관광안내소에서 구입.

*** 먹거리**

대표적인 음식은 나가사키 짬뽕과 카스텔라이다. 서양 문화가 일찍 들어와 오래된 제과점과 맛있는 과자를 파는 유명 노포가 많다.

카스텔라 : 오우라 성당 입구와 도심에는 카스텔라를 전문으로 파는 대형 가게가 즐비하다.

사카이로(四海樓) : 나가사키 항구에서 오우라 성당으로 오르는 길목의 4층 대형음식점. 125년의 역사를 자랑하는 나가사키 짬뽕의 원조집이다. 영업 11:30~15:00, 17:00~20:00. 휴일 부정기.

3 셋째 날

텐진역에서 전차로 야나가와 이동, 뱃놀이 → 후쿠오카 공항

후쿠오카에서 가까운 낭만적인 마을 야나가와(柳川)로 간다. 소설과 영화, 드라마에 자주 등장할 정도로 매력을 지닌 야나가와는 큐슈의 베네치아라는 애칭으로 불리는 곳. 버드나무가 늘어서 서정적인 분위가 물씬 풍기는 이곳을 '돈코부네'라는 작은 배를 타고 좁고 긴 수로를 따라 펼쳐진 풍광을 즐기는 나룻배 투어가 유명하다. 20세기 일본의 대표 시인인 기타하라 하쿠슈의 고향이기도 하다.

기타하라 하쿠슈 생가

메이지 유신과 쇼와 시기의 대표 시인 기타하라 하쿠슈(北原白秋)는 이곳 야나가와의 양조장집 장남으로 태어났다. 도쿄의 대학에 진학하기 전까지 19년 동안 이곳에서 살면서 문학적 바탕을 다졌다. 시성으로 불릴 정도로 사랑받는 그는 시와 동요, 단가에도 뛰어난 재능을 보였다. 생전에 자신의 시상의 원천은 물의 도시 고향 야나가와라고 말하기도 하였다. 생가를 복원하여 기념관으로 개관하고 시집《추억》, 《갈대잎》등 그의 작품들을 전시하고 있다.

야나가와 뱃놀이

야나가와에서는 누구나 유유자적 뱃놀이를 즐긴다. 버들천이라는 뜻의 야나가와(柳川)의 수양버들이 늘어선 강변 가와쿠다리에서 시작하여 수로를 따라 도시 구석구석을 도는 1시간 10분 코스. 정겹고 아름다운 풍광을 지닌 시골 도시의 낭만을 온몸으로 느낄 수 있다. 뱃사공의 흥미로운 이야기와 노래를 들으며 뱃놀이를 즐기다보면 시간마저 천천히 흐르는 듯하다.

* **교통**
www.nishitetsu.jp/train/digitalkippu (한글지원)
기차 : 텐진역 → 야나가와역. 니시테츠 전철로 45분 소요. 1시간에 2대씩 출발.
JR패스 이용시 세타카(瀬高)역에서 하차 후 호리카와 버스로 야나가와 이동. 1시간 소요.
* 야나가와 뱃놀이 티켓 : 성인 3,340엔, 어린이 1,680엔.

* **먹거리**
야나가와 명물로 장어 요리가 유명하다. 선착장 종점에 오래된 장어 요릿집이 여럿 있다.
모토요시야(本吉屋) : 300년 역사를 자랑하는 장어 전문점. 영업시간 10:30~21:00,
전화 (0944) 72 6156.

08

#구마모토현 구마모토 #아소산 #구로카와

#오이타현 유후인

온천과 대자연의
광활함을 함께 즐기는
힐링 여행

가장 남쪽에 자리한 큐슈는 온천왕국 일본을 대표한다. 7개 현의 전 지역에 수십 곳의 온천마을이 있는데, 가장 핫하게 떠오르는 구로카와 온천. 그리고 오랫동안 여성들의 사랑을 받아온 낭만적인 유후인 온천이 있어 인기있는 코스이다. 또한 세계적인 화산구역인 아소산의 광활한 대자연을 즐기고, 3대 성으로 꼽히는 구마모토 성까지 돌아볼 수 있어 알찬 여정이다.

*** 3박 4일 추천 일정** 후쿠오카공항(IN) – 구마모토(1박) – 구로카와(1박) – 유후인(1박) – 후쿠오카공항(OUT)

*** 추천 시기** 봄, 가을, 겨울 어느 때라도 유후인, 구로카와, 구마모토, 아소, 후쿠오카로 이어지는 3박 4일 코스는 알차다. 산으로 둘러싸인 유후인과 구로카와, 아소산은 습하고 무더운 일본의 여느 도시와 다르게 쾌적함을 느낄 수 있다.

*** 교통** 도로가 한산해 렌터카에 도전해 볼 만하다. 구로카와는 기차가 없어 고속버스로만 갈 수 있는 반면, 구마모토는 신칸센으로, 유후인은 유후인노모리 기차를 이용하는 편이 편리하다. 일정에 따라 버스나 기차를 적절히 이용한다.

*** 산큐패스** **www.sunqpass.jp/hangeul/index.shtml :** 후쿠오카, 유후인, 구로카와, 구마모토를 잇는 고속버스를 이용한다면 산큐패스가 가장 저렴하다. 북큐슈지역(후쿠오카, 나가사키, 사가, 구마모토, 오이타 등)과 야마구치현 시모노세키를 이동하는 고속버스와 후쿠오카 및 기타 북큐슈지역 시내버스를 3일 동안 무제한으로 이용할 수 있다. 3일권 8,000엔. 시내버스는 산큐패스 마크가 버스 앞머리에 붙어있으면 이용 가능하며, 고속버스의 경우 버스센터 승차권 발매 창구에서 좌석을 예약하는 것이 좋다.

*** 북큐슈레일 패스** 신칸센을 비롯한 JR을 이용할 수 있다. 큐슈 신칸센 노선이 완공되어 JR 큐스 패스는 구역과 날짜에 따라 요금이 달라진다. 후쿠오카, 유후인, 구마모토 여행은 북큐슈 패스로 가능하다. 신칸센의 지정석까지 이용할 수 있다는 것이 가장 큰 장점. 북큐슈 패스 3일권 11,000엔, 5일권 14,000엔.

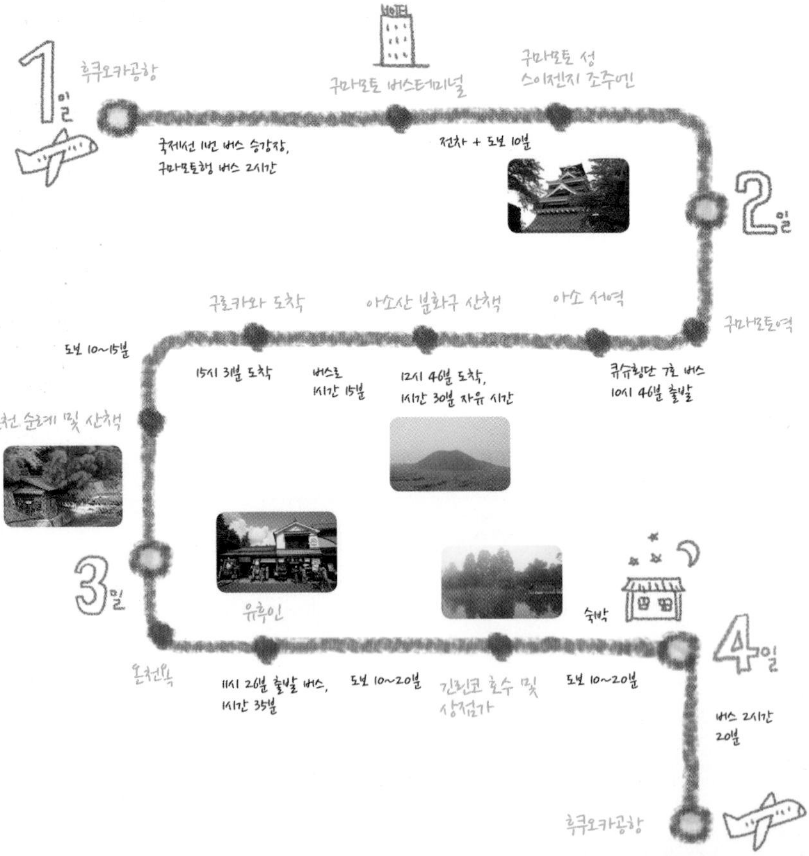

*** 여행 정보**

구마모토 : www.kumamoto-guide.jp/ko (한글지원)

아소산 : www.aso-aso.com/018hot_spring/konokayu

구로카와 : www.kurokawaonsen.or.jp (한글지원)

유후인 : www.yufuin.or.jp (한글지원)

후쿠오카 : www.crossroadfukuoka.jp (한글지원)

*** 가는 길**

후쿠오카 공항 → 구마모토 : 고속버스가 저렴하다.
국제선 1번 버스 승강장 → 구마모토행 2시간 소요.

구마모토 버스 터미널 → 아소산니시역 : 아소산에서 90분 자유시간이 주어지는 큐슈횡단버스 7호를 이용한다. 10시 46분 출발, 2시간 소요.

아소산니시역 → 구로카와 : 아소산 분화구 관람 후 동일 버스로 구로카와 이동. 1시간 15분 소요.

구로카와 → 유후인 : 버스로 1시간 35분 소요.

유후인 → 후쿠오카 공항 : 버스 2시간 20분 소요.

큐슈 버스 : www.kyusanko.co.jp/sankobus/kyushu_odan/ (한글지원)

큐슈 기차 : www.jrkyushu.co.jp/ (한글지원)

*** 숙박**

구마모토 : 비즈니스 호텔부터 다양한 숙박 시설이 있고, 대도시에 비해 저렴한 편이다.

구로카와 : 료칸 28곳이 있다. 대부분 6~20개 정도 객실을 갖춘 중소 규모의 전통 료칸이 주를 이루고, 1박 2식이 기본인 만큼 다른 온천지역보다 숙박비가 비싼 편이다. 그러나 노천 온천탕이 다양하고 음식이 훌륭해 만족도는 어느 곳보다 높다.

유후인 : 고급 료칸부터 민박까지 90여 곳의 숙박시설이 있다.
고급 료칸은 매우 비싸지만 저렴한 료칸도 있다.

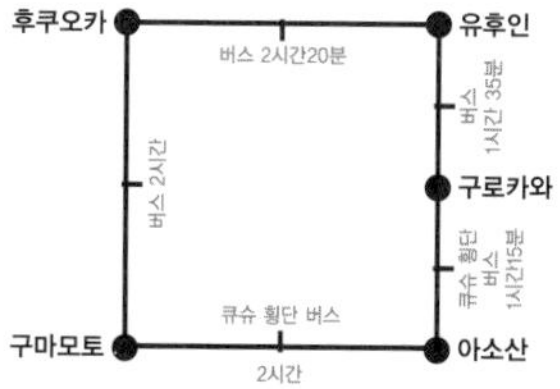

유후다케 아래 자리한 유후인.

구로카와 온천의 산가 료칸. 혼욕 노천탕으로 유명하다.

1 첫째 날

후쿠오카 → 구마모토 이동, 구마모토 성과 스이젠지 공원

일본 3대 성으로 불리는 구마모토 성

스이젠지 공원(水前寺公園)

www.suizenji.or.jp : 큐슈를 대표하는 전통 정원이다. 360년 전 호소가와(細川) 가문의 별장이 있던 곳으로, 3대에 걸쳐 80년 동안 가꾼 정원이다. 일본 5대 정원으로 선정될 정도로 뛰어난 조형미를 자랑하는 스이젠지 공원은 자연풍광을 바탕으로 조성한 정원으로도 유명하다. 잔디가 덮인 언덕은 교토와 도쿄를 잇는 도카이도(東海道)를 형상화하였고, 아소산의 맑은 물을 끌어와 만든 인공연못은 쓰키야마라는 작은 섬과 후지산, 비와호수를 형상화한 것이다.

* 3~10월 8:30~18:00, 11~2월 8:30~17:00. 성인 400엔, 초중생 200엔.

구마모토 성(熊本城)

www.manyou-kumamoto.jp/ castle : 역에서 전차로 10분 거리인 구마모토 성. 임진왜란 당시 출병한 가토 기요마사(加藤淸正)에 의해 1601년 축성되어 7년에 걸쳐 완공되었다. 일본 3대 성으로 꼽히는 웅장한 성으로, 천수각에 오르면 숲과 어우러진 구마모토 시가지가 한눈에 들어온다. 1877년 일어난 서남내전의 중심지였으며, 여러 차례 보수를 거쳐 오늘에 이르고 있다. 성 내의 넓은 구역에는 미술관과 호수, 공원 등이 있으며, 무사 등 전통 복장을 한 이들이 여행객들의 포토 파트너가 되어주기도 한다.

* 구마모토역에서 전차로 10분. 구마모토죠 하차. 4~10월 8:30~18:00, 11~3월 8:30~17:00, 성인 800엔, 초중생 300엔. 휴일 12월 29일~31일까지

*** 숙박**

ww.kumamoto-guide.jp/ko
구마모토 지역 숙소, 명소, 교통, 식당 정보 수록.
호텔 뉴오타니(www.newotani-kumamoto.co.jp) : 구마모토역에서 도보 1분 거리. 체인호텔로 아소산 지역이나 시내관광에 편리하다.
토요코인 구마모토 에키마에(www.toyoko-inn.com (한글지원)) : 구마모토역에서 남쪽으로 2분 거리. 처렴하고 깨끗한 비즈니스 호텔. 모든 객실에서 wi-fi서비스.

*** 먹거리**

일본 최고의 말고기 요리를 즐길 수 있는 곳이다. 말고기를 간장과 생강에 찍어 먹는 일종의 회로 즐긴다.

2 둘째 날

구마모토 → 아소산 나카다케 화구, 쿠사센리 → 구로카와

아침식사 후 시내를 둘러본 다음 아소산을 경유하여 구로카와로 향한다.
큐슈횡단버스로 아소산 분화구까지 올라갔다가 구로카와 온천에 도착.
뉴우데가타를 구입, 다양한 노천탕을 즐긴 다음 료칸에서 느긋한 저녁을 즐기자.

나카다케 화구(中岳火口)

www.aso-volcano.jp 아소산니시역에서 로프웨이로 올라갈 수 있다. 세계 최대 활화산인 아소산을 상징하는 곳으로, 30만 년 동안 화산활동이 이어지고 있다. 지금도 분화구에서는 유황냄새가 나고 연기가 피어 오른다. 유독가스가 분출되는 나카다케 화구 주변을 돌아보는 데는 30분 정도 걸린다. 웅장한 화구 주변에서는 무엇보다 통제구역을 벗어나지 않아야 한다. 간혹 날씨가 궂거나 유독가스가 심하게 분출하는 날은 출입을 통제하기도 한다. 해발 1,216미터로 주변은 사계절 아름다운 꽃이 피고, 여름이면 초록 융단을 깐 것처럼 싱그럽고 겨울에는 흰 눈에 덮여 아름답다.

* 4~11월 8:30~17:00, 12~3월 9:00~17:00. 유독가스 분출에 따라 수시로 출입을 통제함.
로프웨이 왕복 1,200엔, 어린이 500엔.

쿠사센리(草千理)

아소산니시역에서 2킬로미터 지점에 펼쳐진 초원 지대이다. 화산활동으로 조성된 쿠사센리 초원은 계절에 따라 다른 모습을 연출하는 자연 연못인 와지(窪地)와 어우러진 풍광이 멋지다. 말을 타고 주변을 둘러보는 투어를 하거나 아소산의 지형과 화산활동에 관한 다양한 자료를 전시해 놓은 화산 박물관 등을 돌아볼 수 있다. 박물관에는 1979년 나카다케 화구가 폭발해 분화하는 광경을 담아 놓은 영상자료 등이 전시되어 있다.

* 아소화산박물관(www.asomuse.jp) 9:00~17:00
연중무휴, 성인 840엔, 어린이 420엔.

뉴우데가타(入湯手形)

뉴우데가타는 구로카와 마을 온천료칸 조합에서 발행하는 독특한 온천 어음이다. 1984년 도입된 이후 온천 여행객들에게 크게 인기를 얻고 있는데, 료칸조합에서 발행하는 1,300엔짜리 마패 모양의 온천 어음으로 28곳의 료칸 온천탕 중 3곳의 노천탕을 즐길 수 있다. 처음 도입 당시에는 한 해에 1만 개 정도 팔리다가 지금은 매년 10만 개 이상 판매될 정도로 인기를 모으고 있다. 이는 구로카와 료칸마다 자랑하는 명탕 노천탕이 있어 온천 순례의 즐거움이 크기 때문이다.

구로카와(黑川) 온천

일본인들이 가장 가고 싶은 온천에 늘 꼽히는 곳. 해발 700미터의 산속 마을에 단 28곳의 료칸이 자리한 작은 온천 마을이다. 벳부나 노보리베츠처럼 크지도 않고 유후인처럼 관광객으로 북적거리지도 않아 온전히 온천만을 즐기며 조용하게 쉬어갈 수 있다. 구로카와 계곡을 따라 자리한 소박한 마을은 옛 시골 풍경을 잘 간직하고 있어 도시 여행자들에게 오히려 큰 인기를 모으고 있다. 노천탕의 천국이라 할 정도로 각 료칸마다 독특한 노천탕을 여럿 가지고 있어 진정한 온천 마니아라면 꼭 가볼만하다.

이코이(いこい) 온천탕

구로카와 온천탕 중에서도 가장 인기있는 이코이 료칸에서 운영하는 노천탕이다. 이코이 온천탕은 요미우리신문과 여러 잡지에서 선정한 명탕 100선 중 하나로, 특히 대나무 숲으로 둘러싸인 경관이 좋다. 미백 효과가 뛰어나다고 알려져 미인탕으로 유명하다.

* 뉴우데가타 이용 가능. 개별 입욕 500엔.

아나유(穴湯)

거목들과 계곡 사이에 위치한 아나유만큼 독특한 온천탕도 드물다. 자연 그대로를 활용한 온천탕은 독특한 분위기만큼은 최고이다. 남녀가 함께 온천욕을 즐길 수 있는 혼욕탕으로 뉴우데가타는 사용할 수 없다.

* 연중무휴 7:30~19:00, 입욕요금 100엔.
온천 순회하는 무료 버스를 이용하거나 도보로 가능.

*** 교통**

구마모토에서 구로카와로 이동하는 중 아소산 분화구에 오르기 위해서는 아소산니시(阿蘇山西)역을 경유하는 큐슈횡단버스를 이용하는 것이 좋다.(구마모토역 10:46분 출발, 7호 버스 로프웨이가 운행되는 아소산니시역에서 90분 동안 자유 시간이 주어지는데 이 때 분화지역을 둘러볼 수 있다. 동일 버스를 타고 구로카와 온천으로 이동(1시간 15분 소요).

*** 숙박**

구로카와 료칸조합 : 숙박, 온천, 상점 등 다양한 정보는 구로카와 료칸조합 홈페이지 참조 : www.kurokawaonsen.or.jp/kr (한글지원)

산가 료칸(山河旅館, www.sanga-ryokan.com) : 마을 서쪽 숲속에 위치한 료칸으로 숲속에 조성된 온천과 객실은 한적한 휴식과 여가를 즐기려는 방문객에게 적합하다.

이코이 료칸(いこい旅館, www.ikoiryokan.com) : 마을 동쪽 계곡에 자리한 아담한 숙박시설로 아늑한 분위기를 연출하는 노천탕과 객실은 특히 여성들에게 인기가 있다.

후지야 료칸(富士屋 旅館, www.kurokawaonsen.or.jp/fujiya) : 객실에서 바라보는 계곡과 친절한 서비스로 인기가 높다.

*** 먹거리**

시모카와바타 거리에는 소바, 우동, 덮밥을 파는 음식점이 20여 곳 있다. 료칸에서 입욕권과 식사를 세트로 판매하는 곳도 있다.

3 셋 째 날

구로카와 산책 → 유후인 이동 → 긴린코 호수와 상점가 산책

구로카와에서 유후인으로 가는 길은 세노모토 고원을 지나는데, 오스트리아 알프스 산자락의 티롤에 비교하기도 한다. 웅장함은 떨어지지만 숲과 산촌, 농촌이 이어지는 풍광이 아름답다. 버스는 세노모토 고원에서 15분 정도 쉬어 가는데, 아소산과는 다른 광활함이 느껴진다. 유후인은 아기자기하면서도 독특한 가게와 카페, 음식점, 갤러리 등이 모여 있어 활기가 넘친다. 늠름한 유후다케와 물안개에 모습을 감춘 긴린코 호수, 작은 절, 미술관 등 볼거리가 많아 하루가 짧기만 하다.

유노츠보 거리

유후인역에서 긴린코 호수까지 약 1킬로미터 정도의 거리에 늘어선 상점가. '여성들이 가장 좋아하는 온천마을'이라는 타이틀이 붙게 된 일등공신이라 할 수 있다. 아기자기한 가게와 카페, 식당이 100곳이 넘는데, 대형 토토로 인형이 있는 '동그리노 모리'를 비롯해 다양한 공방의 수공예품과 패키지가 세련된 지역 특산품 등을 파는 가게가 늘어서 있다.

아르테지오(Artegio)

www.artegio.com : 산중턱의 호젓한 숲속에 자리한 아르테지오는 미술과 음악, 카페와 도서관이 함께하는 매력적인 복합공간이다. 음악을 들으며 미술 작품을 감상할 수 있어 젊은이들에게 인기 있는 숨겨진 명소다. 유후인의 유명 료칸인 산소 무라타에서 운영하는 곳으로, 카페와 음식점, 기념품 숍까지 함께 있어 한적한 휴식과 볼거리를 원하는 이들에게 특히 매력적인 곳이다.

* 유후인역에서 택시로 10분.
10:00~17:00 연중무휴(비정기 휴관).
성인 600엔, 초등생 300엔.

*** 교통**

유후인 : 유후인역에서 긴린코와 상점가, 온천을 둘러보는 데는 도보 가능하다. 아르테지오까지는 택시를 이용한다.

*** 숙박**

대표적인 온천 휴양지로 숲속 별장식 료칸, 극진한 서비스를 제공하는 고급 료칸, 비즈니스 호텔 등 90여 곳의 숙박시설이 있어 선택의 폭이 넓다.

유후인 료칸조합 www.yufuin-ryokan.com (한글지원)

별장 곤야쿠안(別荘今昔庵, www.konjakuan.co.jp : 주변이 숲으로 둘러싸인 조용한 별장식 료칸. 진정한 휴식을 원하는 투숙객에게 적합하다.

호테이야(ほてい屋 旅館, www.hoteiya-yado.jp) : 유후인과 주변 경관이 내려다보이는 곳에 위치. 옛 농가를 개조한 독특한 외관과 분위기로 인기가 높다.

오야도 이치젠(御宿一禅, www.oyado-ichizen.com) : 호젓한 분위기에서 쉴 수 있는 료칸. 잘 가꿔진 정원과 객실은 전통 료칸의 멋을 느낄 수 있다.

마키바노이에(旅荘 牧場の家, www.ryosoumakibanoie.com (한글지원) : 온천회관 근처의 료칸으로, 객실은 평범하지만 넓은 노천탕과 멋진 풍광을 감상할 수 있다. 가격 대비 만족도가 높다.

조용한 별장식 료칸 곤야쿠안.

옛날 농가를 활용한 호테이야 료칸.

4 넷 째 날

유후인 → 후쿠오카공항

이른 아침 긴린코 호수로 산책을 나가보자. 조용한 호수에 물안개 피어 오르는 풍경이 멋있다. 호수 주변의 나무 데크로 된 산책로를 호젓하게 걷는 맛이 일품이다.

긴린코(金隣湖)

낭만적인 유후인을 상징하는 긴린코 호수. 온천 마을의 호수로, 겨울에도 물이 따뜻하다. 나무와 숲으로 둘러싸인 호수는 사람들로 북적이는 낮보다는 물안개가 피어오르는 이른 아침이 제격이다. 호수 주변의 산책로를 따라 걸으면 위치에 따라 모습이 달라 그 매력에 푹 빠져들게 된다. 긴린코 가까이에 공동 온천탕 시탄유(下ん湯)와 텐소진자, 샤갈 미술관, 붓산지 절 등이 모여있어 꼭 한번은 찾게 되는 명소이다.

09

#후쿠오카현 기타큐슈 #야마구치현 시모노세키

혼슈와 큐슈를 잇는 푸근한 여행

큐슈의 현관인 기타큐슈에 항공 노선이 생기면서 주말에 부담 없이 떠날 수 있는 곳이 한곳 더 늘어 났다. 기타큐슈는 탄가이 시장의 신선한 해산물과 야키우동 등 값싸고 맛있는 먹거리가 가득하고, 역사 깊은 고쿠라의 성과 정원, 대륙무역의 거점으로 번성했던 모지코항의 서양풍 근대 건물 유적 등이 있어 눈과 입이 즐거운 곳이다. 기타큐슈에서 불과 1킬로미터 남짓한 좁은 해협을 건너면 야마구치현의 시모노세키. 청일전쟁 조약이 이뤄진 곳이자 조선 침략의 문호가 되었고, 조선통신사 행렬이 일본 본토에 처음 당도한 곳으로, 우리와는 떼려야 뗄 수 없는 곳이다.
대단한 명소도 드라마틱한 자연도 없지만 그래서 푸근하고 편안한 주말 여행을 즐길 수 있다. 한때 번성했지만 지금은 한적하고 여유로운 도시는 왠지 차분한 감상에 빠져들게 한다.

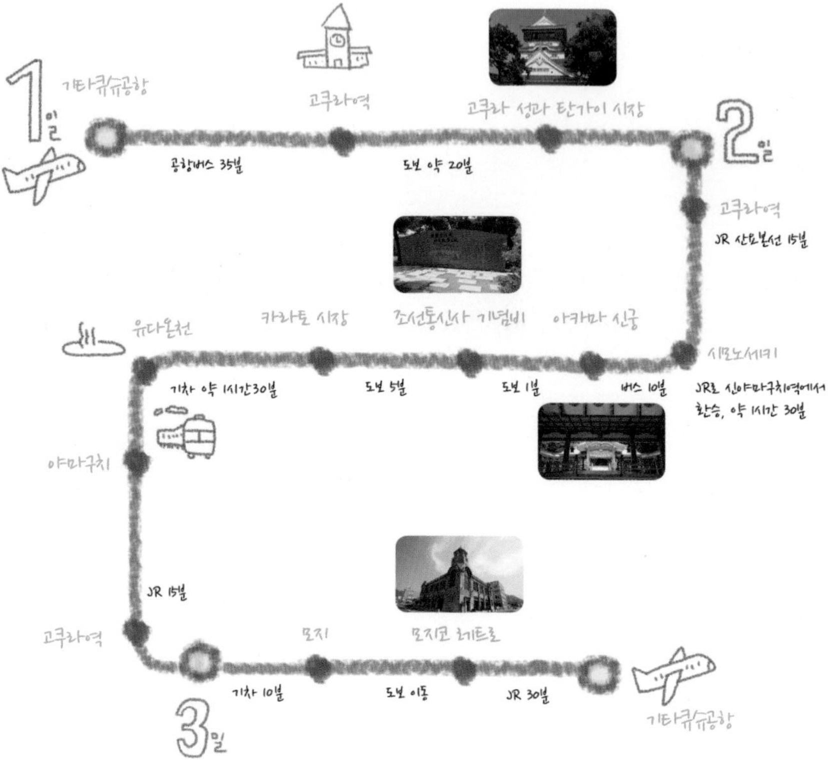

*** 2박 3일 추천 일정** 기타큐슈공항(IN) – 고쿠라(2박) – 야마구치현 시모노세키, 유다온천 – 모지코항 – 기타큐슈공항(OUT)

*** 추천 시기** 봄과 가을이 매력적이고 겨울도 좋다. 기타큐슈와 야마구치 지역은 과거의 추억과 소소한 낭만을 즐기며 여유롭게 온천을 할 수 있다.

*** 교통** 기타큐슈의 고쿠라에 숙소를 정하고 모지항, 야마구치현 시모노세키, 유다온천 등을 돌아본다. JR패스나 산큐패스보다는 구간별로 요금을 내거나 시내의 1일 패스 등을 활용하는 것이 저렴하다.

기타큐슈공항 → 고쿠라 : 공항 1번 버스 승강장에서 공항버스(논스톱)로 고쿠라역 33분, 버스센터 37분 소요. JR로 약 20분(280엔)

고쿠라역 → 모지항 : JR 가고시마 본선 15분 소요. 280엔

고쿠라역 → 시모노세키 : JR 산요 본선 15분 소요. 280엔

시모노세키 → 유다온천 : JR 산양 본선으로 67분. 신야마구치역에서 로컬로 환승. 20분 소요.

*** 여행 정보** **기타큐슈 :** www.gururich–kitaq.com (한글지원)
야마구치 : www.yamaguchi–city.jp/w/hg/ (한글지원)
유다온천 : www.yudaonsen.com/ (한글지원)
시모노세키 : www.shimonoseki.travel/about.kr (한글지원)
모지코 : www.kanmon.gr.jp/kanmon2020/ko (한글지원)

*** 숙박** 2박 3일 일정으로 기타큐슈와 시모노세키 등을 둘러보려면 교통이 편리한 기타큐슈(고쿠라)에 숙소를 정하는 것이 좋다. 비즈니스 호텔 등은 대도시에 비해 저렴하고 시설도 깨끗하다.

*** 교통** **유다온천 :** JR 시모노세키역에서 JR 신야마구치역까지 산양본선으로 67분, 유다온천역까지는 로컬기차로 18~20분 소요. 1시간에 1대꼴(9:38, 10:15, 11:18, 12:26, 13:29)로 운행. 유다온천역에서 온천까지는 도보로 약 10분. 유다온천에서 야마구치역까지는 로컬기차로 4분, 도보로 20분.
시모노세키 1일 패스(720엔) : 버스 1일 프리티켓으로 역에서 아카마 신궁, 카라토 시장 등 주요 명소를 돌아볼 수 있다.

고쿠라역.

고쿠라 성 정원.

1 첫 째 날

기타큐슈 → 고쿠라 성, 리버 워크 기타큐슈

기타큐슈(고쿠라)는 기타큐슈공항, 후쿠오카공항, 그리고 시모노세키 항만출입국관리소에서 직행 버스가 운행되어 교통이 매우 편리하다. 고쿠라는 성과 정원을 중심으로 한 봉건 영주의 흔적이 남아있는 역사도시이며, 해안의 공장과 리버 워크 기타큐슈와 모노레일이 어우러져 중세, 근대, 현대가 조화를 이룬 도시다. 한때 최악의 환경오염도시에서 이제는 환경도시로 변신한 곳으로도 유명하다.

리버 워크 기타큐슈 (リバーウォーク 北九州)

고쿠라 성과 마주한 리버 워크 기타큐슈는 멀티스크린 극장과 시립미술관, NHK 오픈스튜디오, 각종 쇼핑몰이 모인 복합문화공간이다. 화려하고 밝은 색의 독특한 외관에 매시간 음악에 맞춰 펼쳐지는 분수 쇼가 유명하다. '푸드 파오'로 불리는 푸드코트도 빼놓을 수 없는 명물인데, 일본 각지의 유명 라멘부터 세계 여러나라의 음식을 맛볼 수 있다.

* JR 고쿠라역에서 도보 약 10분.
상점 10:00~21:00, 레스토랑 11:00~23:00.
오락시설 10:00~24:00

고쿠라 성(小倉城)

www.kid.ne.jp/kokurajou : 기타큐슈의 랜드마크로, 16세기 중반 호소가와 타다오키에 의해 증축되었다. 당시의 성은 지금보다 훨씬 웅장했지만 19세기 중반 화재로 전소되었고, 천수각을 제외하고 재건되었다가 1959년 시민들에 의해 천수각도 재건되었다. 무라사키 강을 이용한 해자가 에워싸고 있고, 천수각이 앞으로 튀어나온 독특한 구조는 당나라 건축양식을 따랐다고 한다. 성에는 1,500개의 당시 모습의 인형과 기타큐슈 역사와 문화를 보여주는 애니메이션 극장 등이 있다. 그 중에서도 천수각에서 바라보는 바다와 시가지 풍광이 최고이다. 성내 공원이 잘 정비되어 있고, 가까이 시립 고쿠라성 정원이 있다. 성주의 별장터에 만든 서원과, 전시관, 정원이 아름답다.

* JR 니시고쿠라역에서 도보 10분. 4~10월 9:00~18:00, 11~3월 17:00, 연중무휴, 성인 350엔, 중고생 200엔, 초등생 100엔. 고쿠라 정원 성인 300엔, 중고생 150엔, 초등생 100엔.

*** 교통**
고쿠라역에서 성과 주변 명소는 걸어서 다닐 수 있다.

*** 먹거리**
리버 워크 기타큐슈 식당가 푸드 파오(www.riverwalk.co.jp(한글지원)) : 4층 식당가. 동서양의 음식을 골라서 즐길 수 있다.
토리마치 식당가 : 고쿠라역과 이어진 헤이와 거리를 따라 5분 남짓 걸으면 우측에 토리마치 식당가가 나온다. 30여 곳의 소박한 식당에서 우동, 생선회, 덮밥 등을 즐길 수 있어 인기가 높다.
탄가 포장마차 : 탄가 시장과 광장을 중심으로 형성된 탄가 포장마차 거리는 해가 진 후 하나 둘씩 문을 연다. 냄비어묵과 간단한 음식과 술을 파는 포장마차에서 기타큐슈의 서민음식문화를 경험할 수 있다.

2 둘째 날

고쿠라역 → 시모노세키 → 아카마 신궁, 카라토 시장, 시모노세키 사료관 → 유다온천

야마구치현 시모노세키와 유다온천까지 둘러보려면 아침에 조금 서두르자. 큐슈와 혼슈를 잇는 항구 도시 시모노세키에는 조선통신사의 흔적과 일제강점 시절의 애환이 담긴 해협을 비롯하여 어시장, 문학의 무대에 이르기까지 방문객을 유혹하는 볼거리가 많다. 오후에는 야마구치 시내의 유다 온천으로 가자. 혼슈 서남부의 대표 온천으로, 교통이 편리해 여행의 피로를 풀기에 좋다.

시모노세키 :

아카마 신궁(赤間神宮)

www.tiki.ne.jp/~akama-jingu : 1185년 8살의 어린 나이에 죽은 안토쿠 왕을 모신 궁. 매년 봄에 열리는 마츠리로 더 유명하다. 바다를 향해 세워진 붉은색의 화려한 건물 외관도 볼거리이지만 보물관에 전시된 그림과 유물이 더 볼만하다. 시모노세키 지역 영주와 가족들의 그림을 중심으로 유물이 전시된 보물관은 시모노세키 역사를 잘 보여준다.

* JR 시모노세키역에서 버스로 10분 내외, 시모노세키 선착장에서 도보로 10분 거리, 경내 연중무휴, 24시간 개방. 보물관 9:00~17:00. 관람료 100엔.

조선통신사 상륙기념비 (朝鮮通信使 上陸淹留之地)

아카마 신궁 앞 해변에는 조선통신사 상륙기념비가 세워져 있다. 자매도시 광장의 한쪽 구석에 세워진 상륙기념비는 1607년 일본에 많은 문물과 지식을 전해주었던 조선통신사가 실제로 상륙했던 지점에 세운 것으로, 당시 시모노세키의 중심이 어느 지역이었는지 말해준다. 양국 우호를 다짐하는 내용이 쓰여 있으며, 주변에는 무궁화와 우리나라에서 가져와 심은 소나무 등이 있다.

* 아카마 신궁 건너편.

카라토 시장(唐戸 市場)

조선통신사 상륙기념비가 있는 광장 서쪽의 카라토 시장은 항구 도시 시모노세키를 잘 보여주는 곳이다. 싱싱한 생선과 건어물, 각종 야채 등을 싼값에 푸짐하게 준다. 2층에는 식당과 회전초밥집 등이 있는데, 신선한 생선회와 음식을 먹을 수 있어 인기가 높다. 10종의 해산물 모듬 덮밥 등 넉넉한 인심을 느껴볼 수 있다. 새벽시장이므로 아침 일찍 가자. 오후 3시면 문을 닫는다.

* JR 시모노세키역에서 버스로 7분, 카라토정류장에서 도보 3분. 5:00~15:00
(일요일과 공휴일은 9:00~15:00, 수요일 휴무)

시모노세키 사료관(下関 史料館)

www.yamaguchibank.co.jp : 문학과 영화, 드라마에 자주 등장하는 시모노세키의 역사와 문화를 볼 수 있다. 옛 야마구치 은행 본점으로 사용하던 건물인 시모노세키 사료관은 주민들의 삶을 엿볼 수 있는 자료와, 각 장르별로 활동했던 문화예술인들의 작품 세계를 알 수 있는 자료가 전시되어 있다.

유다온천

www.yudaonsen.com (한글지원) : 흰 여우가 연못에 다친 발을 담근 후 나았다는 전설이 있다. 흰 여우 동상이 세워진 유다온천은 14세기 무로마치시대(室町時代)부터 지금까지 신경통, 근육통, 오십견, 타박상, 치질 등에 효능이 뛰어난 것으로 유명하다. 무색 무취의 알칼리성 온천수로, 8곳의 온천탕과 6곳의 무료 족욕탕이 있다.

유노야(ゆのや)

유다온천가 중앙에 자리한 원천수가 솟는 곳으로, 온천수가 올라오는 것을 보며 무료 족욕을 즐길 수 있다. 7곳의 원천수 가운데 유일하게 지하 500미터에서 끌어올려지는 온천수를 직접 볼 수 있다. 유다온천의 역사와 온천수의 효능 등 온천에 관한 정보를 쉽게 이해할 수 있도록 상세한 설명도 되어있다.

* **모리온천(溫泉の森)**www.kamefuku.com/group/groupb.html : 가메후쿠 호텔에서 도보 3분. 10:00~24:00, 성인 1,000엔.

가메후쿠온천(かめ福) www.kamefuku.com : 관광안내소 건너편 가메후쿠 호텔에서 운영하는 온천탕. 우윳빛 온천수와 노천탕이 낭만적이다. 11:30~22:00, 성인 850엔.

우메노야(梅乃屋) umenoya.net : 관광안내소 길 건너 1분 거리. 우메노야 료칸에서 운영하는 온천. 연중무휴, 13:30~24:00, 성인 800엔

가메노유(亀乃湯) : 유다온천 입구의 대중온천탕. 온천탕과 사우나 시설이 있다. 연중무휴, 12:00~24:00, 성인 390엔.

루리코지(瑠璃光寺)

www.yamaguchi-city.jp (한글지원) : 야마구치역에서 25분 거리에 아름다운 5층탑이 있는 루리코지가 있다. 호류지나 다이고지와 규모는 비교할 수 없지만 5층탑(五重塔) 만큼은 뒤지지 않는다. 일본 3대 탑으로 국보로 지정되어 있으며, 계절에 따라 분위기를 연출하는 탑으로 유명하다. 야마구치가 크게 번성했던 무로마치 시대의 대표 탑으로, 해가 떠오르는 아침과 해질 무렵의 풍광이 특히 아름답다. 조명이 들어오는 밤시간도 볼만하다.

* 야마구치역에서 버스로 7~9분 소요.

나카무라 츄야 기념관(中原中也 記念館)

www.chuyakan.jp : 유다온천 관광안내소 뒤편에는 이곳 출신의 시인 나카무라 츄야의 문학관이 있다. 입구에는 작가의 수목장 묘지가 있고, 그가 사용했던 유품과 자료들, 시집, 책 등이 전시되어 있다.

* 9:00~18:00, 11~4월 9:00~17:00. 매주 월요일과 연말연시 (12월 29일~1월 3일) 휴관. 성인 320엔, 고등학생 220엔, 18세 미만 무료.

*** 먹거리**

카라토 시장 식당가 : 시모노세키 대표시장으로, 여러 음식점이 있고 시장에서 사서 먹을 수 있는 공간도 있다. 신선한 생선회와 다양한 음식을 즐길 수 있어 시모노세키에서 가장 인기가 높다.

3 셋째 날

고쿠라역 → 모지코 → 기타큐슈공항

모지코는 메이지와 다이쇼 시대의 건물이 지금도 남아있는 근대 항구도시다. 항구를 중심으로 세워진 석조, 벽돌, 목조 건물이 어우러진 모지코 레트로 구역은 유럽과 중국 등의 영향을 받은 근대 건물과 현대의 건물이 잘 어우러져 독특한 매력을 지니고 있다. 고쿠라와 야마구치, 시모노세키처럼 오래된 성이나 사찰 등의 유적은 없지만 고풍스러운 건축물이 잘 남아있고, 해변의 낭만적인 거리 풍경으로 추억을 담기에 충분하다.

블루윙모지(ブルーウソグもじ)

붉은 벽돌의 근대적 건물이 많은 모지코이지만, 모지코를 상징하는 것은 매일 여섯 차례씩 다리를 들어 올리는 도개교이다. 블루윙모지라고 불리는 이 도개교는 일본에서는 드문 보행자 전용으로 많은 여행객이 찾아온다. 다리가 올라가는 시간이 가까워지면 해변의 젊은 연인들이 모여드는데, 도개교가 연결된 후 손을 잡고 가장 먼저 다리를 건너는 연인은 헤어지지 않다는 이야기가 전해지기 때문이다.

* 모지항역에서 도보 5분, 도개교 개폐 매일 10:00, 11:00, 13:00, 14:00, 15:00, 16:00부터 각 20분간.

옛 오사카상선(旧大阪商船)

붉은색 벽돌과 콘크리트, 동을 이용한 독특한 외관의 옛 오사카 상선 모지코 지점은 1917년에 세워졌다. 2층건물로 탑 모양의 전망대가 있다. 현재 1층은 해협 낭만홀로 사용 중이며 2층은 지역 아티스트들의 작품을 전시하는 갤러리와 모지코 디자인 하우스로 사용 중이다. 건물도 특이하지만 팔각형 모양의 전망탑은 개성있는 건물이 늘어선 모지코에서도 독특한 구조이다. 당시 배를 기다리는 대합실이자, 항구를 경비하는 건물이었다고 한다.

* 모지항에서 도보 3분, 9:00~17:00, 갤러리 관람 무료.

옛 모지미쓰이클럽(旧 門司三井俱樂部)

1921년 미쓰이 물산이 VIP를 접대하던 사교클럽으로 사용하던 곳으로, 아담한 장미정원이 있는 3층 목조건물이다. 외부에서 보면 3층으로 보이지만 실은 2층이다. 아인슈타인 내외가 일본을 방문했을 때 묵었던 곳으로 유명하다. 현재 1층에는 레스토랑과 이벤트 홀로 운영하고, 2층에는 아인슈타인 내외가 투숙한 것을 기념하여 아인슈타인 메모리얼룸과 일본 작가 하야시 후미코의 자료실이 있다. 1층에는 서양풍 대형 홀로 간몬해협에서 잡은 풍부한 해산물 요리 등을 즐길 수 있는 모지항의 명물 레스토랑이 있다.

* 모지항에서 도보
3분, 9:00~17:00, 연중무휴, 2층 관람료 성인 150엔, 학생 70엔.

옛 모지세관(旧 門司税関)

붉은 벽돌의 옛 모지세관은 1912년에 지어졌다. 세관 청사로 사용되다가 1990년 들어 기타큐슈 시에서 특별 복원하여 모던한 네오 르네상스풍의 건물이 되었다. 현재 1층은 세관에 관한 각종 정보와 자료를 보관 전시하는 공간과 카페, 2층은 갤러리와 모지항 레트로가 한눈에 보이는 전망실이 있다.

* 9:00~17:00, 연중무휴, 무료관람.

해협프라자(海峽プラザ)

모지코 항구에 자리한 해협프라자는 각종 상점과 음식점, 그리고 오르골 박물관 등이 모여 있는 종합상점가이다. 1층에는 토산품과 특산품을 중심으로 해산물, 잡화를 취급하는 상점이 모여 있으며, 2층은 오르골 박물관과 유리 공예품, 주변을 조망할 수 있는 레스토랑이 있어 언제나 여행객들로 북적인다.

* 상점가 10:00~20:00, 음식점 11:00~22:00.

국제우호 기념도서관(國際友好 記念圖書館)

제정 러시아가 중국 대련에 지은 독일풍 건물을 복제한 것이다. 붉은 색 벽돌과 흰 라인이 멀리서도 눈에 뜨이는 건물. 모두 3층으로, 현재 1층은 중국 음식점으로 사용 중이고 2층은 중국 역사, 문화에 관련된 책자가 보관되어 있다. 3층에는 동아시아 관련 다양한 문헌을 보관한 전시실이 있다.

* 모지코역에서 도보 5분, 9:30~19:00, 토요일, 일요일, 국경일 9:30~18:00. 월요일 휴관, 무료관람.

*** 숙박**

교통과 여행의 중심지인 고쿠라에 숙소를 정해 두고 유다온천, 시모노세키, 모지코를 둘러보는 일정이다. 고쿠라에는 다양한 숙박시설이 있지만 대표적인 숙박시설은 비즈니스호텔이다. 요금은 다른 도시에 비해 저렴한 편이다.

스테이션 호텔 고쿠라(www.jrhotelgroup.com (한글지원)) : 고쿠라역과 붙어 있는 호텔. 교통이 가장 편리하다.

리가 로얄호텔 고쿠라 (RIHGA Royal Hotel Kokura, www.rihga.com/kr/kitakyushu/ (한글지원)) : 고쿠라역에서 도보 3분 거리의 고급 호텔. 고쿠라 시내와 야마구치, 모지코로 이동이 편리하다.

10

#오사카부 오사카

누구나 좋아하는 최고의 도시 여행

오사카는 화려한 네온사인과 독특한 간판이 줄지어 선 식당가를 누비며 맛있는 음식을 맛보는 식도락 기행, 쇼핑몰, 백화점, 잡화점 등을 누비는 쇼핑여행, 오랜 역사와 상인들의 저력을 느낄 수 있는 오사카 성과 나카지마의 근대 건물들, 운하를 도는 크루저 등 눈이 즐거운 볼거리 여행까지,남녀노소 누구에게나 만족스러운 여행지이다.
무엇보다 식도락의 고장으로 유명한데, 교토는 기모노에 망하고 오사카는 먹다가 망한다는 말이 전해질 정도로 먹을거리가 풍부하다. 여행의 즐거움 중 반은 맛난 음식을 먹는 것이라고도 하는데, 미각 여행지로도 제격이다. 또한 오사카는 일본 최대 운하도시다. 800개가 넘는 다리가 오사카 만과 도시를 흐르는 강을 연결하고 있어 대도시로는 드물게 낭만적인 분위기가 흐른다.

7F
和民
6F
4·5F
はや
はや
3F
280円
全部
280円
2F
白木屋
1F
珈琲
の
B1F
激安の殿堂
ドンキホーテ
ZERO Cafe

*** 2박 3일 추천 일정** 간사이공항(IN) – 오사카(2박) – 간사이공항 (OUT)

*** 추천 시기** 습하고 무더운 여름을 제외한 시즌이 좋다. 단, 도쿄 간다마츠리, 교토 기온마츠리와 더불어 일본 3대 마츠리로 꼽히는 오사카 텐진마츠리(天神祭)는 7월 24일과 25일에 열려 더위를 감수해야 한다.

*** 숙박** 난바, 우메다, 신오사카역 인근, 텐노지에 대표적인 고급 호텔과 비즈니스 호텔, 게스트하우스 등 많은 숙소가 있다. 시내만 둘러보는 짧은 일정이라면 텐노지나 난바에 숙소를 구하는 것이 편리하다. 텐노지는 공항과 가깝고 급행이 서는 JR역과 지하철 노선도 다양해 시내 접근성도 뛰어나며 물가도 조금 저렴한 편이다. 인근 도시까지 여행한다면 특급과 신칸센이 서는 신오사카역이나 오사카역 근처에 숙소를 잡는 것이 편리하다.

*** 교통** ① **간사이공항 → 난바 :** 난카이 전철 특급(45분 소요)이 930엔으로 가장 저렴하다. 특급 라피도는 30분 정도 소요된다(1,450엔). 간사이 스루패스, 오사카 주유패스 이용 가능.

② **간사이공항 → 우메다 :** 공항쾌속(약 1시간 10분 소요) 또는 리무진 버스(50분 소요, 2,410엔)가 있다. 하루카 특급은 텐노지(30분 소요, 1,840엔), 신오사카(50분 소요)에 정차한다. 간사이 와이드패스로 하루카 이용 가능, 리무진 편도 1,600엔. 버스편은 홈페이지 www.kate.co.jp에서 확인.

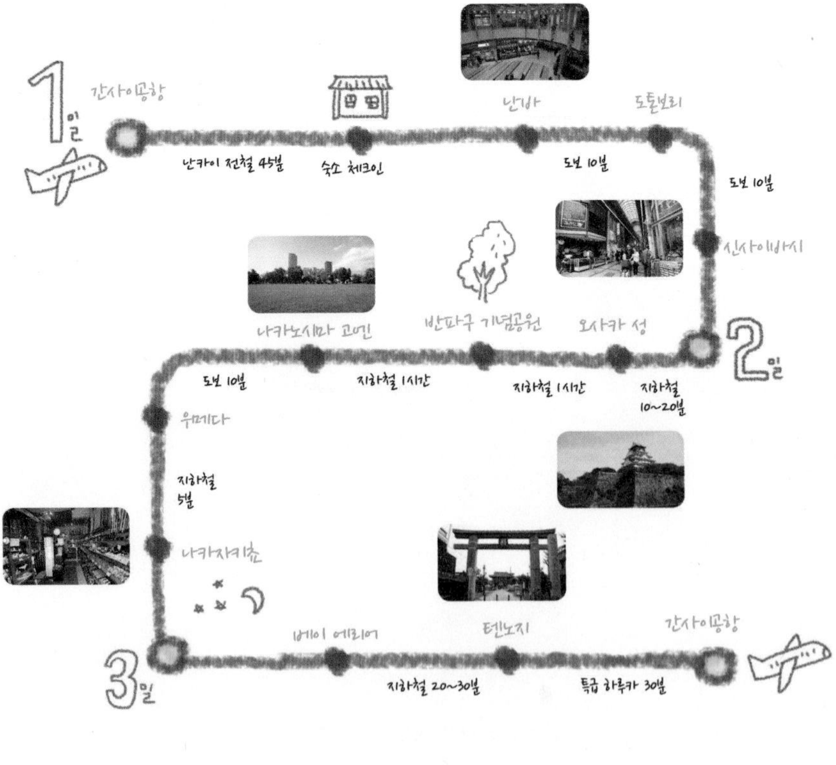

* **여행 정보** — **오사카 :** www.osaka-info.jp/kr (한글지원)
한국어가 지원되므로 미리 관광 코스와 여행정보를 찾아보자. 오사카 관광정보센터는 간사이공항, 텐노지, 신오사카, 우메다, 난바, 유니버셜 스튜디오에 있으며, 시내 지도와 각종 할인 티켓, 안내 책자를 제공한다.
* **오사카 주유패스** — www.osp.osaka-info.jp/kr : 주요 관광지 여행에 유리한 패스.
지하철, 버스, 트램을 자유롭게 이용할 수 있고, 오사카성 천수각, 시텐노지, 공중정원 전망대, 도톤보리 리버크루즈 등의 무료 입장과 할인혜택이 있는 쿠폰권과 가이드북을 함께 준다.
1일권 성인 2,800엔, 2일권 3,600엔. 어린이권은 없음.
관광안내소와 지하철 주요 역에서 판매한다.
* **엔조이 에코카드** — 오사카 시영 지하철 뉴트램과 모든 버스를 하루 종일 이용할 수 있는 카드.
1일 820엔(어린이 310엔)이 있다. 관광지 할인 혜택이 있으며,
공휴일에는 600엔으로 할인한다.
* **간사이 스루패스** — www.surutto.com : JR 기차를 제외한 버스와 사철, 지하철을 이용할 수 있는 패스로 2일권 성인 4,380엔, 어린이 2,190엔. 3일권 성인 5,400엔, 어린이 2,700엔. 고베나 교토, 나라 등지로 이동할 때 유리하다.

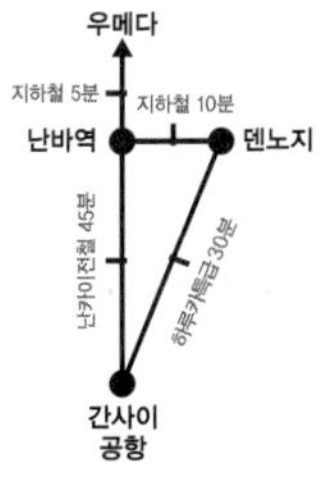

간사이공항 관광안내소.

리버 플레이스
주변 풍경.

1 첫째 날

간사이공항 → 난바

활기 넘치는 오사카의 이미지라면 역시 난바와 신사이바시 지역이다. 화려한 네온사인이 가득한 도톤보리 강변의 식당들과 이자카야, 패션숍이 밀집한 아메리카무라, 명품몰과 백화점, 드러그스토어 등이 밀집해 쇼핑 천국이라 할 신사이바시까지. 눈과 입을 즐겁게 해주는 맛집, 독특한 간판과 로드숍이 가득한 난바에서 도시 여행의 즐거움을 만끽할 수 있다.

난바 파크(難波)

로켓광장을 중심으로 각종 부티크 숍들이 늘어선 난바 파크는 오사카 남부의 관문으로, 만남의 장소라 불릴 정도로 많은 사람이 모인다. 고대부터 항구가 있던 난바시티는 우리나라와 중국으로부터 선진문명을 받아 들였던 곳으로 번영하였다.

* 지하철 미도스지선, 센니치마에선, 요츠바시선 난바역, 난카이전철 난바역.

도톤보리(道頓堀)

www.dotonbori.or.jp : 도톤보리강(道頓堀川)을 따라 식당과 상점이 밀집한 곳. 오사카에서 가장 화려하고 활기 넘치는 곳으로, 낮보다 밤이 더 역동적이다. 화려한 네온사인과 독특한 간판들, 과감한 패션으로 개성을 뽐내는 젊은이들이 어울려 밤을 잊게 만든다. 맛있게 먹고 즐기고 쇼핑하기에 더없이 좋은 곳.

* 지하철 미도스지선, 센니치마에선, 요츠바시선 난바역, 난카이전철 난바역.

리버 플레이스(リバープレイス)

난바 개발 프로젝트에 의해 들어선 팔각형 모양의 웅장한 리버 플레이스는 다목적 시설을 갖춘 문화공간이다. 오사카 만과 도톤보리 강이 만나는 지점에 건설된 리버 플레이스는 벼룩시장, 가난한 음악가들의 공연장이자 각종 콘서트 등을 즐길 수 있는 장소다. 웅장한 외관을 잘 볼 수 있는 낮풍경도 멋지지만 조명이 인상적인 밤이 더 매력적이다. 아름답고 낭만적인 풍광과 누구나 편안하게 즐길 수 있는 공연으로 젊은이들 사이에서는 데이트 장소로 인기다.

* 지하철 요츠바시선 요츠바시역에서 하차.

아메리카무라(アメリカ村)

도톤보리와 신사이바시 사이에 위치한 아메리카무라. 미국에서 수입한 물건을 거래하면서 형성된 쇼핑 거리로, LP판과 앤티크 상점부터 개성있는 옷가게와 액세서리숍들이 즐비하다. 개성을 중시하는 젊은이들이 많이 찾는 곳으로, 분위기 좋은 주점과 맛깔스러운 음식점도 많다.

* 지하철 미도스지선, 신사이바시역.

신사이바시(心斎橋)

www.shinsaibashi.or.jp : 난바와 가까운 신사이바시는 오사카 제일의 쇼핑지역이다. 캐주얼한 의류와 신발을 파는 가게부터 빌딩 전체가 명품으로 가득한 명품점, 자라와 유니클로, 히스테릭 글래머 같은 중저가 매장과 고급 백화점이 어울려있다. 쇼핑몰 외에도 도톰보리 강의 산책로가 이어져 있고, 유명한 먹자골목과 이어진다.

* 지하철 미도스지선, 나가호리츠루미료쿠치선, 센니치마에선, 요츠바시선 신사이바시역.

*** 먹거리**

캐널 테라스 호리에(キャナルテラス堀江) : 리버 플레이스 건너편에 위치한 고급 음식점으로 2008년 개장했다. 멋진 야경을 감상하며 음식을 즐길 수 있다. 프랑스, 이탈리아, 퓨전 중식, 일본 창작요리 등이 있다.

에그탱스 신사이바시(Eggs 'n Things 心斎橋店) : 신사이바시와 아메리카무라 사이에 자리한 하와이 스타일의 레스토랑. 야채샐러드부터 감자튀김, 스테이크, 생선요리를 제공하는 곳으로 인기가 높다.

가니도라쿠(かに道楽) : 커다란 대게 간판은 도톤보리의 상징이자 가장 유명한 게요리 전문점. 신선하고 다양한 게요리를 맛볼 수 있다.

타루마 : 원조 쿠시가츠집. 고기, 야채 등 다양한 재료를 꼬치에 꽂아 튀긴 것으로, 오사카 중에서도 타루마가 원조이다. 텐노지의 신세카이에 본점, 난바에 지점이 있다.

2 둘째 날

오사카 성 → 반파구 공원 → 나카노시마, 나카자키초

오사카 성을 여유있게 보려면 조금 서두르는 것이 좋다. 오사카 성을 둘러보고 박람회 기념공원인 반파구 공원에서 오전 시간을 보낸다. 오후에는 우메다와 가까운 나카노시마로 향한다. 공회당, 도서관 등 멋진 근대 건물들을 구경하고 잘 꾸며진 공원에서 쉬어가기에도 좋다. 가까이 미술관, 과학관, 박물관 등이 있어 함께 둘러보고 카페거리 나카자키초에서 저녁을 먹는 코스를 추천한다.

오사카 성(大坂城)

www.osakacastle.net : 오사카 성은 1586년 도요토미 히데요시에 의해서 완성된 일본 3대 성이다. 삼중 해자를 갖춘 난공불락의 성으로 당시 최대 규모였으며 가장 화려했다. 실내와 일부 기와를 금박으로 장식할 정도로 화려함을 자랑하던 오사카 성은 1615년 도쿠가와 이에야스에 의해 함락되었다. 몇 차례의 복원과 파괴가 이어지다 1931년 현재의 모습으로 복원되었다. 실내에는 무기와 갑옷 등이 전시되어 있다. 오사카 주유패스가 있으면 천수각에 무료 입장할 수 있다.

* 지하철 타니마치욘쵸메역 1B 9번 출구. 9:00~17:00, 연말연시 휴무. 고등학생 이상 600엔.

우메다(梅田) 공중정원 전망대

www.skybldg.co.jp/ko (한글지원) : JR오사카역과 우메다역, 백화점, 관공서가 밀집한 오사카의 중심이다. 고층빌딩과 한신, 한큐, 다이마루 백화점, 요도바시 카메라 등이 밀집되어 있고, 시외버스와 지하철, 사철역이 있는 편리한 접근성으로 비즈니스 호텔이 많다. 우메다의 랜드마크라면 건물을 다리로 연결해 놓은 스카이빌딩이다. 높이 173미터의 공중 정원전망대와 식당가, 최상층에 정원이 있어 도심의 휴식처 역할을 톡톡히 한다. 오사카 주유패스는 무료 입장.

* 지하철 미도스지선 우메다역, JR 오사카역 하차, 스카이빌딩 10:00~23:30(계절에 따라 변동). 성인 1,500엔, 어린이 700엔.

반파쿠 기념공원(万博記念公園)

www.park.expo70.or.jp : 오사카 북쪽 외곽의 이 공원은 1970년 오사카 만국박람회장이 열렸던 곳이다. 오사카의 심볼이 된 조각가 오카오토 타로의 작품 '태양의 탑'이 유명하며, 광장을 중심으로 정원, 자연문화원, 스포츠시설을 두루 갖추고 있다. 고시엔 야구장 65배에 달할 정도로 광활한 규모로 여유롭게 산책을 하거나 작품과 정원을 감상할 수 있다.

* 지하철 미도스지선 센리츄오 종점에서 하차 후 남쪽 출구로 모노레일 이용, 9:30~17:00 매주 수요일 휴관. 성인 250엔, 중학생 이하 70엔.

나카노시마 고엔(中之島公園)

규모는 훨씬 작지만 여의도와 비슷한 도심의 작은 섬이다. 도지마카와(當島川)와 도사호리카와(土佐堀川) 강 사이에 1891년 오사카 근대공원의 효시가 된 나카노시마 고엔이 조성되었다. 약 100여 종의 나무와 4,000여 그루의 장미원이 아름답다. 중요문화재로 등재된 서양식 근대건물인 오사카 부립 도서관, 중앙공회당과 동양도자기박물관이 늘어서 있다. 나카노시마 도서관은 위풍당당한 외관도 멋지지만 내부 구조도 아주 독특한데, 간단한 서식을 작성하면 여행객도 둘러볼 수 있다.

* 지하철 미도스지선 나카노시마역 혹은 요도야바시역에서 하차.

나카자키초(中崎町)

한적한 주택가에 예쁜 카페와 공방, 갤러리, 미용실 등이 콕콕 박혀있는 동네이다. 조용하고 한적하여 서울 상수동이나 연남동을 떠올리게 한다. 오랜 목조 주택과 빌라 등을 개조한 숍과 카페, 공방, 오래된 골목과 여느 가정집이 나란히 공존하여 도시 여행의 숨통을 틔워주는 것 같다. 유독 헤어숍과 카페가 많아 자신만의 개성있는 스타일과 여유를 즐기려는 이들에게 인기가 높다.

* 지하철 타니마치선 나카자키초,
대부분의 가게들은 오후에 개점.

*** 먹거리**

난야 우메다점(南や 梅田店) : 한큐 그랜드빌딩 29층에 위치한 음식점. 신선한 생선과 야채를 중심으로 소고기를 선택하는 로바다야키 스타일 음식점이다.
www.kawatomix.co.jp/

토리분(とりぶん) : 한큐 그랜드빌딩 28층에 위치. 일본산 소고기 와규와 닭꼬치 등 다양한 구이 요리, 맛깔스러운 단품요리를 즐길 수 있다.
www.bento.com/kansai/rev/8102.html

3 셋째 날

베이 에어리어와 텐노지 → 간사이공항

숙소에서 아침식사 후 간사이공항에서 가까운 텐노지역에 짐을 보관하고 베이 에어리어와 텐노지를 둘러보고 공항으로 이동한다.

베이 에어리어

바다를 매립한 인공 항구지역으로, 유니버설 스튜디오 재팬, 카이유칸 수족관, 해양박물관, 하버 빌리지, 요트 하버 등의 해양 스포츠 시설과 쇼핑센터, 안도 다다오가 설계한 옛 산토리 미술관 등이 모여있는 복합 공간이다. 하루가 부족할 만큼 볼거리와 놀거리, 먹을거리가 풍부한 곳이다. 오사카 주유패스가 있다면 범선인 산타마리아호를 무료로 탈 수 있다. 45분간 하버빌리지에서 오사카항을 돌아오는 코스로, 운하의 도시 오사카를 만끽할 수 있다. 여름에는 뜨거운 낮을 피해 오후에 둘러보는 것이 좋고, 겨울에는 좀 황량한 기분이 들 수도 있다.

* 지하철 추오선 오사카코역 1번 출구, 쇼핑몰과 미술관, 이벤트장은 시간이 각기 다르므로 확인 필요.

텐노지(天王寺)와 시텐노지(四天王寺)

오사카의 구도심으로 츠텐카쿠 전망대를 중심으로 한 신세카이 상점가가 유명하다. 1912년에 건립된 103미터의 츠텐카쿠 전망대는 제2차 세계대전에 해체되었다가 1956년에 복원한 것으로, 에펠탑을 모델로 했지만 모양새와 분위기는 전혀 다르다. 튀김꽂이인 쿠시가츠의 원조 타루마 본점을 비롯해 싸고 맛있는 식당과 술집이 많다. 텐노지의 다른 명소로는 일본에 불교가 전래되고 가장 먼저 지은 사찰 중 하나인 시텐노지(四天王寺)가 있다. 5층탑과 금당을 갖춘 고찰로 찾는 이들이 많고, 인근에 오사카 시립미술관, 동물원 등이 있다. 텐노지역 주변은 백화점, 호텔, 식당가 등이 몰려있고 간사이공항, 나라, 와카야마, 고야산 등 주요 관광지와 연결되는 JR과 사철, 지하철 등이 서는 교통의 중심지이다. 난바, 신사이바시 등과도 가까워 텐노지에 숙소를 정하면 오사카 주변을 여행하기에도 좋다.

* 지하철 미도스지선 사카이스지선 도부츠엔마에 3번 출구, JR오사카칸죠선 신이마미야역 동쪽 출구.

*** 숙박**

오사카 숙박 정보 예약
www.osaka-info.kr/restroom

호텔 그란비아 오사카(www.granvia-osaka.jp) : 오사카역 바로 옆에 위치한 고급 호텔. 교통이 편리하고 유니버설 스튜디오 셔틀 버스 이용도 편리하다.

도톤보리 호텔 그란비아(www.dotonbori-h.co.jp) : 난바에 위치해 있고, 한국인 직원이 있어 좋다. 자전거 대여도 가능하다.

한큐 호텔 오사카(www.hankyu-hotel.com/hotel/osakashh) : 오사카역과 가깝고 주요 명소와 접근성도 좋아 인기가 있다.

오사카 신한큐 호텔(osaka-info.jp/ko/spot/hotel-new-hankyu-osaka) : 오사카역 인근에 위치. 접근성이 좋고 주변에 백화점과 쇼핑몰이 모여 있다.

니코 호텔 오사카(www.hno.co.jp) : 신사이바시에 위치. 오사카의 화려한 밤거리와 쇼핑 등에 가장 편리하다.

뉴 오사카 호텔 신사이바시(shinsaibashi-noh.jp) : 니코 호텔 바로 뒤편에 위치. 가격대비 접근성이 뛰어나다.

*** 쇼핑**

니시키노 조우(2匹のソウ) : '2마리 코끼리'라는 독특한 이름의 가게. 나카자키초역 근처에 있으며, 1960년부터 1980년대의 흥미로운 물건들을 판다. 목요일~화요일, 12:00~19:00, 매주 수요일, 제3 화요일 휴무.

다이마루 백화점(大丸心斎橋店) : 오사카역과 신사이바시점이 있다. 패션브랜드를 비롯하여 화장품, 각종 특산물과 음식점까지 갖추고 있는 종합쇼핑몰이다.

11

#오카야마현 오카야마, 구라시키 #가가와현 나오시마

멈추어 서면 언제나 그리워지는 곳

신오사카에서 신칸센으로 불과 45분 거리인 오카야마와 구라시키는 아름다운 미인이라도 만난 듯 여행자의 발걸음을 느리게 만드는 곳이다. 혼슈(本州) 서쪽에 위치한 오카야마현(岡山県)에는 일본 3대 정원으로 알려진 고라쿠엔, 검은색 벽으로 단장된 오카야마 성, 개성있는 박물관과 미술관이 있다. 또 오카야마 시(岡山市)와 작은 운하를 사이에 두고 전통 주택이 늘어선 구라시키(倉敷)에는 일본인들이 꼽은 최고의 상점가와 사립 미술관이 있다. 기후가 따뜻해 겨울에도 상쾌한 기분으로 여행할 수 있다. 예술의 섬으로 알려진 나오시마(直島)는 구라시키에서 가까워 2박 3일, 여유가 있다면 3박 4일 일정으로 돌아보기에도 알찬 코스이다. 일상에서 잠시 멈추어서면 언제나 그리워지는 곳, 그곳에 가고 싶다.

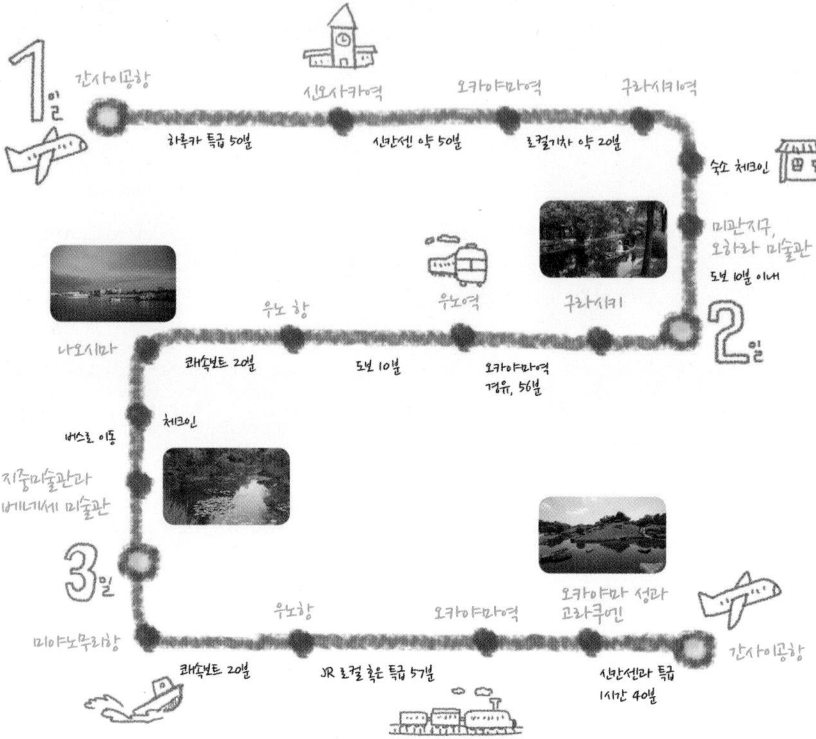

***2박 3일 추천 일정** 간사이공항(IN) – 구라시키(1박) – 나오시마(1박) – 오카야마 – 간사이공항(OUT)

***추천 시기** 꽃과 신록이 만발하는 4~6월이 가장 좋다. 겨울에도 비교적 따뜻해 10~12월까지 여행하기 좋다. 여름은 무덥고 습도가 높아 걸어 다니기 힘들다.

***교통** **www.westjr.co.jp/global/kr (한글지원)** 간사이공항에서 구라시키까지는 JR과 신칸센으로, 구라시키에서 나오시마까지는 JR특급과 페리를 이용한다. 이 코스에서 가장 빛을 발하는 것이 간사이 와이드패스이다. 5일권 성인 12,000엔, 어린이 6,000엔. 산요 신칸센, 특급열차, 고속열차 등의 자유석을 이용할 수 있다. 단, 나오시마행 페리 이용료는 별도이다.

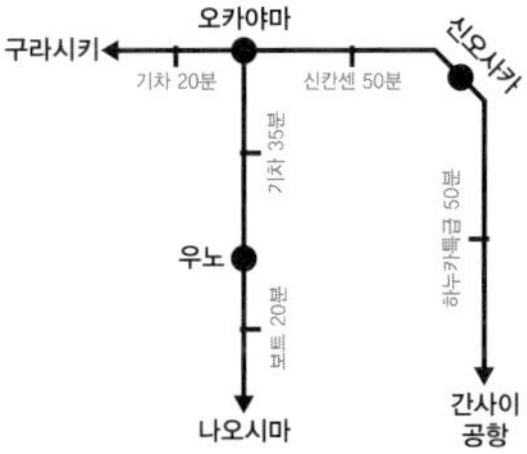

구라시키 관광안내소.

JR 오카야마역.

*** 여행 정보**

구라시키 : www.kurashiki-tabi.jp/for/kr (한글지원)
JR 구라시키역과 미관지역의 중심인 나카바시 앞에 있으며 한글지도와 안내책자, 명소, 숙박 정보 등을 제공한다.
오카야마 : okayama-japan.jp/ko/ (한글지원)
나오시마 : www.naoshima.net : 페리항에 관광안내소가 있다.

*** 교통 정보**

간사이공항 → 구라시키 : 간사이공항에서 신오사카역과 오사카역을 경유하여 갈 수 있으며, 소요시간 1시간 55분~2시간 50분. 요금 신칸센 자유석과 JR 특급이용 4,520엔. **상세정보 :** www.hyperdia.com/en
구라시키 → 나오시마 : 먼저 JR을 이용해서 오카야마 경유하여 우노역까지 이동 후, 우노역에서 항구로 이동(도보 5분). 쾌속보트를 이용하는 것이 편리하다. JR의 경우 매시간 1편 운행되고 쾌속보트도 1시간에 1대꼴로 운행된다. 소요시간은 이용 열차에 따라 다르며, 페리는 20분.
나오시마 → 오카야마 : 나오시마 선착장에서 우노항 페리로 20분 이동, 요금 300엔.
5분 정도 걸어서 우노역 도착. JR 기차(약 57분 소요, 590엔)로 오카야마에 간다. 매시간 1편 운행.
오카야마 → 간사이공항 : 오카야마역에서 신칸센으로 신오사카 도착. 간사이공항 로컬 혹은 특급으로 공항 도착. 매일 30회 이상 운행. 소요시간 1시간 40분.

*** 간사이 와이드패스**

3박 4일 동안 구라시키, 오카야마, 나오시마를 여행하는 교통비는 이 패스 하나면 충분하다. 공항에서 오카야마까지의 신칸센, 구라시키까지의 JR을 횟수에 관계없이 탈 수 있다. 간사이 와이드패스는 노조미를 포함한 모든 신칸센 자유석 탑승을 비롯하여 특급과 로컬열차의 자유석 탑승이 가능하다. 5일 연속 성인 12,000엔, 어린이 6,000엔.

*** 숙박**

구라시키, 나오시마, 오카야마는 일본 중부지역을 대표하는 관광명소로 다양한 숙박시설이 갖춰져 있다. 구라시키와 오카야마에서는 료칸, 비즈니스호텔 등 선택의 폭이 넓지만 나오시마의 경우 베네세 그룹에서 운영하는 숙소와 작은 숙박시설과 일부 민박이 주를 이룬다. 베네세 그룹의 호텔 여러 곳이 있지만 하나같이 규모가 작아 반드시 예약이 필요하다.

1 첫째 날

간사이공항 → 구라시키 미관지구 산책 및 오하라 미술관

구라시키 미관지구와 오하라 미술관을 돌아본다. 관광지 여론조사에서 최고 상점가로 선정되었고, JR WEST 광고에도 자주 등장하는 예쁜 마을 구라시키에서는 자꾸만 멈추어 뒤돌아 보게 된다.

미관지구(美觀地區)

흰 벽의 마을로 불리는데, 검은색 기와와 흰 회벽, 그리고 버드나무가 늘어선 작은 운하가 어울려 그림 같은 풍경을 연출하는 곳이다. 에도막부의 직할지였던 이곳은 물자의 집산지로, 작은 운하를 따라 창고와 상인들의 저택이 늘어서 있다. 600여 미터에 달하는 운하 양쪽으로 하얀 벽에 회색빛 기와를 두르고, 벽에도 평면 기와를 격자 모양이나 마름모 모양으로 장식하여 전통적인 아름다움이 흐른다. 사이사이에 서양식 건물이나 현대식 건물이 들어서 있지만 잘 어울린다. 에도시대 건물들은 국가 차원의 보존지구로 지정될 정도로 문화적인 가치가 있는데, 한 차례도 천재지변과 전쟁의 피해가 없었기에 지금까지 외형을 그대로 유지하고 있다. 운하 뒤편으로는 흙벽으로 된 창고와 마치야(상인의 집) 등을 개조한 카페와 갤러리, 공방, 료칸, 미술관, 전시관, 상점이 곳곳에 숨어 있어 여행의 즐거움을 더한다.

오하라 미술관(大原美術館)

www.ohara.or.jp: 그리스 신전을 연상시키는 두 개의 높은 기둥이 받치고 서 있는 서양식 건물이 바로 오하라 미술관이다. 1930년 일본 최초로 개인이 만든 서양식 근대미술관으로, 소장 작품은 더욱 대단하다. 엘 그레코의 '성 수태고지', 모네의 '수련', 고갱의 '향기로운 대지', 피카소의 '칼레의 시민' 레온 프레데릭의 대작을 비롯하여 마티스, 르누아르, 드가 등 거장의 진품들이 즐비하다. 돌아보는 데만도 상당한 시간이 걸릴 정도로 작품 수도 많고 다양하다. 구라시키 출신으로 방적사업을 해서 큰 부를 이룬 사업가인 오하라는 친구이자 미술가였던 고지마 토라지로의 도움을 받아 1920년대부터 작품을 수집하였고, 고향에 미술관을 건립하였다. 오하라 미술관 방문객은 매년 수백만 명에 이른다.

* 9:00~17:00 매주 월요일 휴관. 성인 2,000엔, 중고등학생 800엔.

구라시키 아이비 스퀘어

www.ivysquare.co.jp :
붉은 벽을 타고 오르는 담쟁이가 인상적이다. 옛 방직공장 터에 숙박시설, 레스토랑, 기념관, 전시관, 공방 등이 들어선 복합공간이다. 구라시키 방적의 역사를 잘 보여주는 구라보 기념관, 작품 전시관인 아이비 학관, 화가 고지마 토라지로의 대표작을 전시한 기념관, 오르골 뮤지엄 등 흥미로운 공간이 많다. 또한 호텔보다 넓고 고급스런 양실 객실과 레스토랑, 커피숍, 칵테일 바, 도예공방, 문화교실, 아트숍 등이 있어 하루 머무르기에 안성맞춤이다.

* 아이비 스퀘어 외부 연중무휴, 24시간 개방, 구라보 기념관과 아이비 학관 9:00~17:00, 성인 300엔, 초등학생 이상 250엔.

*** 숙박**

kankou-kurashiki.jp/visit_kurashiki (한글지원)
구라시키 호텔, 료칸, 민박 정보를 검색 후 예약하면 된다.
아이비 스퀘어(www.ivysquare.co.jp) : 미관지구 내 위치, 레스토랑, 카페 등 부대시설이 풍부하다.
구라시키 료칸(倉敷 旅館, www.ryokan-kurashiki.jp) : 관광안내소 건너편의 구라시키 최고의 료칸. 극진한 서비스와 요리가 유명하다.
츠루가타 료칸(鶴形 旅館, www.turugata.jp) : 운하 옆에 위치한 269년 역사의 료칸이다. 숙박과 요리 집으로도 유명하다.

*** 먹거리**
츠루가타 요리 료칸(料理旅館 鶴形) : 료칸 겸 음식점으로 일본 전통요리와 소바 등을 제공한다. 점심과 저녁식사가 가능하다.
구라시키 료칸(倉敷 旅館) : 전통 일본식과 도시락 등 점심식사를 판매한다.
히스시오: 미관지구에서 아치신사로 향하는 길목의 아담한 레스토랑. 스파게티와 피자, 커피 등을 즐길 수 있다.

담쟁이 넝쿨로 덮인 아이비 스퀘어.

2 둘째 날

구라시키 아치신사 → 나오시마 미야노무라항 → 지중미술관 → 베네세미술관
→ 아트하우스 프로젝트 → 나오시마 숙박

이른 아침 아치신사에 올라 미관지구를 조망한 다음 우노역에서 예술의 섬 나오시마로 이동한다. 나오시마는 작은 섬이지만 마을 곳곳에 아트 프로젝트가 진행되는 작은 갤러리가 있고 안도 타다오가 설계한 지중미술관, 베네스 미술관 등 유명 미술관 등이 포진되어 있다. 전체를 돌아보려면 버스를 이용하는 것이 편리하다.

아치신사(阿智神社)

구라시키가 한눈에 내려다보이는 쓰루가타야마(鶴形山) 정상에 있는 신사. 공연을 펼치는 무대와 천연기념물로 지정된 등나무, 주변을 조망할 수 있는 정자가 있다. 신사가 처음 세워진 것은 4세기로, 지금은 평범한 신사의 정원이지만 일본 정원의 발상지로 알려져 있다. 사실 신사보다 전망이 더욱 좋다. 작은 언덕이지만 미관지구와 주변을 내려다볼 수 있는 전망이 일품이다. 회색빛 기와지붕들이 머리를 맞댄 풍경이 거대한 세트장을 보는 듯 아름답다. 이른 아침 산책길에 올라가는 것을 추천한다.

야외 전시장-세토우치 예술제

나오시마는 섬 곳곳에 예술작품이 설치되어 있다. 사진에서 한번쯤은 봤을, 미야노무라 페리항 근처의 야요이 쿠사마 작품 〈호박〉을 비롯해서 페리 터미널, 관공서, 초등학교 등 섬 전체가 야외 전시장이라 할 정도로 호기심을 자극하는 조각이나 설치미술품을 곳곳에서 만날 수 있다. 3년에 한 번씩 열리는 세토우치 예술제는 나오시마를 중심으로 데시마(豊島)·오시마(大島) 등 12개 섬에서 봄·여름·가을 세 차례에 걸쳐 열리는데, 작가들은 섬에 어울리는 작품을 영구 전시한다. 그래서 나오시마는 지금도 예술의 섬으로 거듭나고 있는 중이다.

나오시마 아트하우스 프로젝트

나오시마의 진정한 매력을 느끼려면 아트하우스 프로젝트를 찾아가 보자. 나오시마 관문에 해당하는 미야노무라항 반대편에 있는 혼무라(本村) 지구는 빈집이 늘어가는 어촌에서 예술가들의 손길이 닿으면서 예술의 마을로 탈바꿈하였다. 아트하우스 프로젝트는 나오시마의 버려진 집들을 예술가와 마을 주민들이 참여하여 새로운 공간으로 바꾸는 작업으로, 1989년에 시작하여 지금도 세토우치 예술제 동안 계속되는 프로젝트이다. 나오시마가 버려진 섬에서 예술의 섬으로 재탄생하게 된 가장 큰 동력이다. 골목을 걷거나 자전거를 타고 천천히 혼무라 마을을 돌아보다가 아트하우스를 찾는 즐거움을 만끽해 보자. 서두르면 놓치기 쉽다. 마을의 가게와 게스트하우스, 카페 등도 남다른 솜씨로 꾸며놓아 보는 눈이 즐겁다. 인상적인 작품으로는 프로젝트 1호인 미야지마 다츠오의 〈가도야(角屋)〉와 사진작가 스기모토 히로시가 낡은 신사를 초기 신사건축 양식을 도입해 단장한 〈고오신사〉 등이 있다. 고오신사의 본전으로 이어지는 유리 계단이 이색적이다.

* 10:00~16:30, 월요일 휴관, 통티켓(1,050엔)으로 7곳의 아트하우스 관람, 개별 하우스 관람은 성인 420엔, 고오신사 24시간 연중 무휴, 미야노무라 항에서 도보 30분. 버스로 5분 소요.

지중미술관(地中美術館)

www.benesse-artsite.jp/art (한글지원): 바다가 내려다보이는 아름다운 동산에 건물의 대부분이 땅속에 숨은 미술관. 그렇지만 자연광이 쏟아져 시간과 계절에 따라 작품과 공간의 표정이 달라지는 것이 더욱 놀랍다. 안도 타다오가 작품에 맞춰 설계한 미술관으로 건물과 작품이 유기적인 하나의 예술작품으로 평가받는다. 유명 교육기업인 베네세 그룹이 안도 타다오에 의뢰하여 완공한 지중미술관은 자연과 건물, 예술작품이 어우러진 분위기가 압권이다. 미술관 입구의 넓은 전시장에는 공간과 빛의 조각가로 유명한 제임스 터렐의 작품이, 안쪽으로 모네의 대작 〈수련〉, 월터 데 마리아의 직경 2.2m짜리 원형 화강암 작품이 영구 전시되어 있다. 촬영금지 등 관람에 통제가 많아 불편한 느낌도 있지만 전시 작품과 건축물이 워낙 아름다워 추천하고 싶다.

* 3월 1일~9월 30일 10:00~18:00 (10월 1일~2월 28일 17:00) 월요일 휴관, 성인 2,100엔(15세 미만 무료) 베네세하우스 셔틀버스로만 갈 수 있다.

베네세 하우스 뮤지엄

www.benesse-artsite.jp: 나오시마를 대표하는 미술관이자 호텔과 레스토랑, 카페를 갖춘 종합 문화공간이다. 1992년 베네세 하우스가 개관하면서 나오시마가 세상에 알려지기 시작했다. 미술관, 오벌, 파크, 비치호텔까지 4동 모두 안도 타다오의 설계로 지어졌다. 미술관은 밖을 향해 열린 구조로, 각 장소를 선택한 아티스트가 장소에 맞는 작품을 설치하였다. 자유롭게 감상할 수 있는 개방 구조여서 기존의 미술관과는 다른 느낌이며, 잭슨 폴락, 데이비드 호크니, 제스퍼 존슨 등 현대 미술 거장의 작품을 만나볼 수 있다.

* 8:00~21:00, 연중무휴, 성인 1,300엔(15세 미만 무료) 6:00~12:00, 11~3월 07:00~12:00.

* 교통

페리 : 나오시마에는 미야노무라와 혼무라 두 개의 항구가 있다. 미야노무라가 관문 역할을 하는데, 1시간에 1대 정도의 페리가 운행된다. 가가와현의 다카마츠와 오카야마현의 우노를 연결하는 페리가 운행된다. 혼무라에는 오전 3대 오후 2대의 페리만 운행되므로 시간을 꼭 확인하자. 20분 소요. 편도 300엔.

버스 : 섬의 항구와 마을, 미술관을 순회하는 버스가 있다. 전구간 100엔이며 1시간에 1대꼴로 운행된다. (www.naoshima.net/guide_map/naoshima_timetable_of_town_bus.pdf)

* 숙박

작은 섬이지만 베네세 그룹에서 운영하는 오발, 파크, 비치, 뮤지움 호텔이 있고, 료칸과 게스트하우스 등 40여 숙박시설이 있다. 베네세 그룹의 호텔 예약 필수.

베네세 그룹 숙소 정보(www.benesse-artsite.jp) :

파크호텔 : 전 객실에서 바다를 조망할 수 있다.

비치 호텔 : 바닷가 바로 앞의 작은 호텔. 아름다운 나오시마 바다를 감상하기에 최적이다.

뮤지움 호텔 : 베네세 미술관 안에 세워진 호텔. 경치도 아름답고 투숙객만이 관람할 수 있는 미술관을 둘러보며 완전한 휴식을 취할 수 있다.

호텔 오발 : 높은 곳에 위치해 바다와 주변 경관을 감상하기에 최적이다.

* 식사

베네세 레스토랑 : 베네세 미술관에 자리한 음식점. 스테이크와 스파게티, 차 등을 즐길 수 있다.

나오스나오 : 마을의 작고 소박한 음식점. 주먹밥과 소멘 그리고 차를 즐길 수 있다.

3 셋째 날

나오시마 → 오카야마역 도착, 오카야마 성과
고라쿠엔, 현립 미술관 → 간사이공항

일찍 서둘러 오카야마로 떠난다. 오사카와 히로시마, 그리고 시코쿠를 잇는 교통의 요충지인 오카야마는 3대 정원으로 꼽히는 고라쿠엔, 검은색 벽으로 유명한 오카야마 성, 설화의 주인공 모모타로의 동상, 다양한 미술관이 있어 하루가 짧다. 여유가 있다면 시간을 두고 보는 것이 좋다.

오카야마 성(岡山城)

www.okayama-castle.jp (한글지원) : 언덕 위에 세워진 오카야마 성은 천수각의 벽면이 검은색으로 칠해져 일명 '까마귀 성'이란 애칭으로 불린다. 아사히가와 강변의 해자로 둘러싸인 오카야마 성은 효고현의 히메지 성을 모델로 하였다고 한다. 지금의 성은 메이지 시대와 2차 대전 중 파괴된 것을 1966년에 복원한 것이다. 성 내에는 성주가 쓰던 가마와 갑옷, 자료 등이 전시되어 있다.

* 9:00~17:30, 12월 28, 30, 31일 휴관, 성인 400엔, 어린이 100엔, 고라쿠엔 공동 관람권 이용 가능.

고라쿠엔(後楽園)

okayama-korakuen.jp: 미도 카이라쿠엔, 가나자와 겐로쿠엔과 함께 일본 3대 정원으로 꼽히는 특별 명승지. 16세기 말 착공해 1700년에 완성된 정원이다. 고라쿠엔은 원래 성주인 이케다 가문의 정원으로 사용되었던 곳이다. 사계절 독특한 풍광을 감상할 수 있는 고라쿠엔은 오카야마 성의 부속 정원으로, 1871년 이후에는 독립된 정원으로 일반에 공개하고 있다. 공원내 세워진 건물은 모두 도쿄 올림픽을 준비하던 1967년에 복원한 것이다.

* 3월 20일~9월 30일 7:30~18:00, 10월 1일~3월 19일 8:00~17:00. 관람료 성인 410엔, 15세 미만 150엔. 오카야마 성 공동입장권 580엔.

모모타로 상(桃太郎像)

고라쿠엔 남쪽 아사히가와 강변 작은 공원에는 귀여운 동상이 하나 세워져 있다. 전설 속에 등장하는 '모모타로'로 복숭아를 의미하는 '모모'와 아이를 뜻하는 '타로'가 합쳐진 것이다. '복숭아 소년'은 에도 시대 때부터 전해지는 전설로, 자식이 없는 노파가 복숭아를 발견하여 집에 와서 복숭아를 먹은 다음 젊어졌다는 이야기다. 젊음을 다시 찾은 노부부 사이에 태어난 아이의 이름이 모모타로이다.

오카야마 현립미술관(岡山縣立美術館)

www.okayama-kenbi.info/(한글지원): 오카야마 현립미술관은 고라쿠엔 인근에 세워져 있다. 오카야마현 출신 화가와 연고가 있는 작가의 작품을 중심으로 전시되고 있는 현립미술관에는 20세기 일본을 대표하는 서양화가 구니요시 야스오(國吉康雄)의 작품《축제는 끝났다》를 비롯해 15세기 화가인 셋슈의《산수도》, 도자기 등이 전시되어 있다.

* 9:00~17:00, 매주 월요일과 12월 28일~1월 4일 휴관. 성인 350엔, 대학생 250엔.

*** 교통**

시내 : 주요 명소는 트램, 버스를 이용하거나 걸어서도 돌아볼 수 있다. 오카야마역을 기점으로 고라쿠엔까지는 도보로 30분 정도이다.

*** 식사**

생선과 소바 등 다양한 음식을 제공하는 음식점이 즐비해 원하는 음식을 선택해 즐길 수 있는 곳이 많다.

12

#와카야마현 고야산 #시라하마

일상에 지치고 힘들 때 떠나는 에코 여행

오사카부 아래쪽에 위치한 와카야마현(和歌山県). 연중 따뜻한 날씨여서 겨울에도 귤이 달린 나무를 만날 수 있다. 혹독한 겨울 날씨나 무더위에 지쳤을 때 와카야마로 가자. 불교성지인 고야산은 최근 많은 이들이 찾는 곳으로, 세계문화유산이자 일생에 한 번쯤은 꼭 가보고 싶어 하는 곳이다. 해발 1천 미터에 웅장한 규모의 여러 사찰들, 청정 자연과 숲으로 둘러싸인 고야산. 그리고 3대 온천으로 꼽히는 시라하마(白浜)에는 기암절벽과 드넓은 백사장, 바다에서 가장 가까운 온천이 있다. 일상에 지칠 때 훌쩍 떠나자. 최고의 에코여행이자 힐링여행이 될 것이다.

* **2박 3일 추천 일정** 간사이공항(IN) – 고야산(1박) – 시라하마(1박) – 간사이공항(OUT)

* **추천 시기** 고야산은 꽃과 신록이 만발하는 늦봄과 단풍이 물드는 늦가을이 가장 좋다. 지대가 높아 겨울이면 눈이 많이 오는데 설원에 쌓인 겨울의 고즈넉한 산사 풍경도 인상적이다. 시라하마는 흰모래 해변이 유명하여 여름에 붐비는 반면, 겨울에는 한산하다. 따뜻한 온천수에 몸을 담그고 일상에 지친 몸을 풀 수 있는 겨울과 봄이 최적이다. 해수욕과 온천을 함께 즐기려면 여름도 좋다. 고야산은 5~7월, 10~11월 사이, 시라하마는 11~3월, 6~8월을 추천한다.

* **교통** 고야산에는 난카이 특급을 이용해 가는 것이 가장 빠르고 저렴하다. 고야산·세계문화유산 키푸를 이용할 수 있다. 그리고 고야산에서 시라하마, 간사이공항까지는 JR 기차로 갈 수 있는데, 이 코스를 빠르고 저렴하게 이동하려면 간사이 와이드패스를 추천한다.

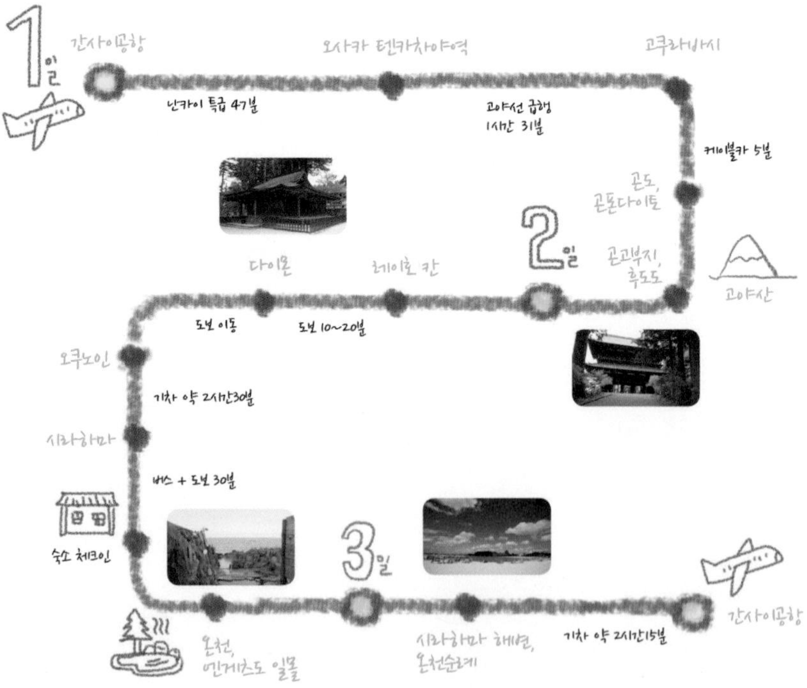

*** 여행 정보**

고야산 : www.tb-kumano.jp/ko (한글지원) 고야산역과 중앙안내소, 이치노하시 안내소에서 간단한 지도와 여행정보가 제공되며, 숙박은 중앙안내소에서 정보와 예약서비스를 제공한다.

시라하마 : www.nankishirahama.jp (한글지원) 지도와 책자를 제공하고 있으며 숙박정보와 예약 등을 제공하고 있다.

*** 교통**

간사이공항 → 고야산 : 난카이전철(www.nankai.co.jp)을 이용한다. 난카이 급행으로 텐가차야역에 도착, 고쿠라바시(極樂橋)역까지 가는 고야선 급행으로 환승, 고쿠라바시역에서 케이블카로 고야산역에 오른다. 오사카 난바역에서 고야산 급행 혹은 특급으로(1시간 50분 소요) 고쿠라바시역 도착. 고야산 세계유산 키푸를 이용하면 비용을 줄일 수 있다.

오사카 → 고야산 : www.nankai.co.jp 오사카 난카이난바역에서 고야산역까지 가는 특급열차가 운행된다. 1,950엔.

오사카 → 시라하마 : 신오사카역에서 특급 쿠로시오(くろしお)로 2시간 31분 소요. 간사이 와이드에어리어 패스(5일권 12,000엔)로 교통비를 줄일 수 있다.

고야산 → 시라하마 : JR하시모토역에서 보통선을 타고 와카야마역(60분 소요)에 도착, 특급 쿠로시오를 타고 JR 시라하마역(기차에 따라 75~90분 소요)에 도착. 간사이 와이드에어리어패스 가능.

시라하마 → 간사이공항 : 쿠로시오 특급으로 히네노(日根野)에서 환승, 공항까지 2시간 15분 소요. 간사이 와이드패스 가능.

*** 간사이 와이드패스**

간사이 공항특급, 오사카, 교토, 고베, 오카야마, 와카야마 등으로 연결되는 특급과 급행 등 여러 JR 기차를 자유롭게 탈 수 있다. 5일권 12,000엔으로, 고야산에서 시라하마, 그리고 공항으로 이동할 때 유용하며, 교통비를 줄일 수 있다. P143 참조.

*** 숙박**

고야산에는 사찰에서 운영하는 슈쿠보(宿坊)에서 하룻밤을 묵어가자. 50곳이 넘는 절에서 참배객을 위한 숙소를 제공하고 있는데, 재패니칸이나 고야산 관광협회(eng.shukubo.net)를 통해서도 예약 가능하다. 1인 1박 10,000엔~25,000엔으로, 아침과 저녁 식사는 스님들의 채식요리인 쇼진(精進) 요리가 나온다. 아침 예불에 참여할 수도 있고, 호젓한 절의 정원과 문화재를 가까이서 즐기며 하루를 묵을 수 있는 아주 특별한 경험이다.

시라하마는 전통 료칸보다는 호텔형 료칸이 많고 리조트형 호텔 등이 해변을 끼고 포진해 있다. 저렴한 민박도 쉽게 찾을 수 있다.

고야산 행 산악열차.

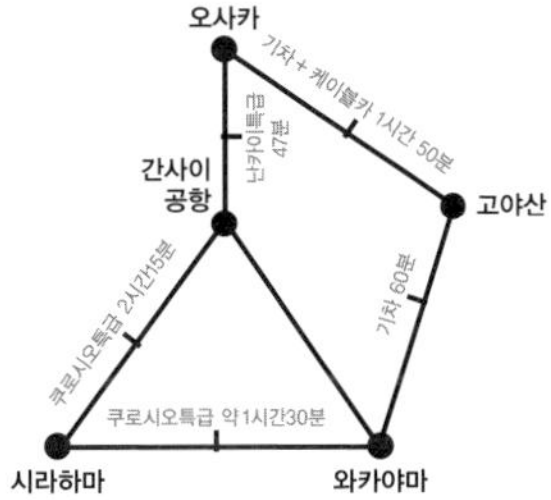

1

첫째 날

간사이공항 → 오사카 난바역 → 고야산 도착

간사이공항에서 고야산으로 이동한다. 해발 1천미터에 있어 여름이면 기온이 10도 정도 시원하다. 고야산에 도착해서 먼저 숙소에 짐을 푼 다음 가장 유명한 절인 단상가람의 곤도와 곤폰다이토를 돌아보자. 산 속이라 해가 지기 전에 주요 사찰을 돌아본 다음 저녁 식사 후 쉬는 것이 좋다.

곤도(金堂)

오쿠노인과 함께 고야산 2대 성지인 단상가람(壇上伽藍)의 중심 금당이다. 고보(弘法) 대사 구카이(空海)가 중국에서 밀교를 배워와 이를 전파하기 적합한 곳을 찾아 다니던 중 고야산에 처음 단상가람(壇上伽藍)을 짓기 시작했다고 한다. 이후로 고야산 곳곳에 수백 개가 넘는 절이 지어지고 절 마을이 개발된 것이 고야산의 시작이다. 시코쿠의 88개 절을 순례하는 시작점이자 종점이기도 하다. 거대한 목조 건물인 곤도에는 약사여래불을 모시고 있으며, 주요 법회가 열린다. 여섯 차례 화재가 일어나 원형은 없지만 1932년 복원하여 지금도 많은 순례객이 찾고 있다.

* 고야산 마을 중심에 있으며, 센주인바시 교차점에서 도보 5분 거리, 곤고부지 8:30~17:00, 연중무휴. 성인 200엔, 중고생 100엔.

곤폰다이토(根本大塔)

붉은 색의 거대한 목조탑. 총 16개의 기둥이 받치고 있는 높이 48.5미터의 대탑은 지붕을 제외한 대부분이 붉은색으로 칠해져 있어 멀리서도 눈에 들어오며 가까이서 보면 강렬한 느낌에 사로잡히게 된다. 1937년에 재건한 것이다. 실내 벽에는 극채색으로 만다라와 금강계사불이 안치되어 있다.

* 곤도 바로 옆. 탑 내부 8:30~17:00, 성인 200엔.

후도도(不動堂)

곤폰다이토 입구의 후도도는 가마쿠라 시대의 건축물로, 고야산의 건축물 중 가장 오래된 건물이다. 1197년 지어진 가마쿠라 화양식 건물로, 헤이안시대 주택 양식을 불당에 적용한 것이라고 한다. 국보로 지정되어 있으며 내부에는 부동명왕과 8대동자상이 있다고 한다. 내부 관람은 불가지만 외부는 둘러볼 수 있다.

* 연중무휴, 외부만 24시간 개방.

곤고부지(金剛峯寺)

중앙안내소 앞에 위치한 곤고부지는 진언종의 행정중심 사찰로 고야산의 117곳 사찰과 일본 전역의 3,500개에 이르는 말사의 종무를 총괄하는 곳이다. 고보 대사가 입적한 절로 유명한데, 절 내에는 호화로운 장식과 유물로 가득하다. 유명한 승려와 화가의 그림을 비롯해 수행하는 공간이란 사실을 무색하게 만드는 호화로운 장식과 유물이 인상적이다. 승려의 생활상을 엿볼 수 있는 부엌과 방도 볼 수 있다.

* 8:30~17:00, 연중무휴. 성인 500엔, 초등생 200엔.

다이몬(大門)

11세기에 지어진 고야산을 총괄하는 문이다. 높이 25.1미터에 달하는 2층 구조의 붉은 문으로, 양쪽에 금강역사조각상이 세워져 있다. 그 모양이 나라의 호류지 금강역사조각상과 비슷하다. 1705년에 복원한 것으로, 이곳에서 바라보는 석양이 유명하다. 버스를 타고 다이몬에서 하차 후 걸어서 곤도 등을 둘러보는 것이 일반적인 코스이다.

*** 교통**

간사이공항(난카이 공항 급행 45분 소요) → 텐카차야(天下茶屋)역(고야산 급행 환승, 1시간 31분 소요) → 고쿠라바시(極樂橋)역 → 고야산 케이블카 5분 → 숙소(고야산 버스로 5~10분).

*** 숙박**

고야산 숙박, 명소, 음식점, 온천 등 정보는 www.tb-kumano.jp/places/koyasan (한글지원). 고야산 중앙안내소에서 예약 서비스를 제공한다.

고야산 후쿠치인(高野山 福智院) : 곤고부지 동쪽 파출소 옆에 위치. 시게모리가 설계한 정원이 아름답고, 두부와 산채를 이용한 쇼진 요리가 일품이다.

헨죠코인(遍照光院) : 국보 등 많은 문화재를 소유한 사찰의 숙박. 명사들이 즐겨 찾아 유명해진 곳으로, 정원이나 편의시설은 평범하지만 위치가 좋고, 편히 쉬어가기에 좋다.

[고야산] 사찰에서 운영하는 숙소와 음식점에서는 두부와 나물 요리가 주를 이룬다. 마을에 있는 몇몇 음식점에서 우동, 소바, 돈가스, 생선 요리 등을 팔지만 선택의 폭은 좁다.

마루만(丸万) : 관광안내소와 가까운 음식점. 간단한 생선요리와 소바, 우동, 돈가스 등을 먹을 수 있다.

2 둘째 날

고야산 다이몬 → 레이호칸 → 오쿠노인, 도쿠가와 영묘 → 시라하마 이동

이른 아침, 고보대사의 묘를 비롯해 일본 정재계의 실력자들 묘비가 있는 오쿠노인과 에도막부 2대 쇼군인 도쿠가와 히데타다의 영묘를 둘러보자. 참배객이 많지 않아 조용한 산사의 아침을 만끽할 수 있다. 오후에 시라하마로 가서 흰모래 해변을 거닐며 엔게츠도의 멋진 석양을 감상한다.

레이호칸(靈宝館)

고야산의 유물을 보관해 놓은 성보박물관이다. 고야산 가람에 관련된 역사적인 사료와 일본 국보와 조각, 만다라 등의 유물이 전시되어 있는데, 특히 나무로 만든 불상은 섬세함과 미소가 백제 불상을 연상시킨다.

* 센주바시에서 5분 거리, 곤도와 가깝다.
5월 1일 ~ 10월 31일 8:30~17:30, 11월 1일 ~ 4월 30일 8:30 ~ 17:00, 연말연시 휴무. 성인 600엔.

오쿠노인(奥の院)

오쿠노인 고보다이시고묘(奥之院弘法大師御廟)란 공식명칭 대신 오쿠노인으로 더 알려진 곳. 고보대사의 무덤을 따라 약 2킬로미터에 달하는 참배로가 있고 참배로를 따라 수많은 묘비가 서 있다. 황실, 귀족, 다이묘의 묘가 많고, 현대에 들어서 기업 총수 등 다양한 사람들의 묘비가 들어서 약 20만 개 이상의 묘비가 있다고 한다. 개인과 가족묘는 기본이고 기업과 사회단체 묘지 등의 공동묘지도 눈길을 끈다. 입구부터 거목이 늘어선 참배길을 걸으면 마음이 절로 평온해진다. 참배길 안쪽에 고보대사의 무덤인 오쿠노인 고보가 있으며, 그 앞에 오쿠노인의 본당인 토로도당(燈籠堂)이 있다. 건물 안에 참배자들이 기부한 10,000개가 넘는 영원히 꺼지지 않는 등이 보관되어 있다. 고야산 신앙의 중심이며 수많은 참배객이 찾는 영지이므로 음식을 먹거나 떠드는 것은 삼가하자.

* 오쿠노인 마에 하차. 마을 중심인 센주인바시에서 10분. 케이블카 역에서 버스로 20분, 연중무휴, 입장료 무료, 토로도당 6:00~17:30.

도쿠가와가 영묘 (徳川家 靈台)

고야산역과 가람단상 중간 쯤에 위치한 도쿠가와가 영묘는 도쿠가와 이에야스의 아들이자 2대 쇼군인 히데타다의 묘이다. 화려한 금은박으로 장식되어, 닛코의 도쿠가와 이에야스 영묘에 비할 정도는 아니지만 고야산의 유적지 중 가장 화려하다. 1643년 3대 쇼군인 이에미츠에 의하여 완성되었으며 보존 상태가 뛰어나다.

* 8:30~17:00, 연중무휴. 성인 200엔.

곤고산마이인(金剛三昧院)

레이호칸 남쪽의 곤고산마이인은 아늑함을 느낄 수 있는 사찰이다. 일본 국보이자 유네스코 문화유산으로 지정된 다보탑이 유명하고, 그 외에도 중요문화재를 다수 보유하고 있다. 한적하게 여유로움을 만끽할 수 있어 좋다. 다보탑과 함께 토속신앙 장식물로 꾸며진 거목과 노란색 만병초도 빼놓지 말자. 수백 년 수령을 자랑하는 거목과 만병초를 감상하려면 5월에 찾아갈 것

* 연중무휴, 관람료 무료.

시라하마 해변

'백사장'을 뜻하는 시라하마는 500미터 정도 이어지는 흰 모래사장으로 유명하다. 태평양과 면해 있는 푸른 바다와 흰 모래해변이 아름다워 많은 이들이 찾는다. 여름 밤이면 불꽃놀이가 펼쳐지고, 겨울 밤이면 아기자기한 일루미네이션도 볼 수 있다. 해변을 따라 유명한 사키노유와 시라스나 노천 온천탕이 있어 해수욕과 온천을 동시에 즐길 수 있다. 대형 호텔들이 해변가에 늘어서 있으며, 온천리조트가 있어 가족 단위의 여행객이 많다.

*** 교통**
고야산 고쿠라바시역(極樂橋) → JR 하시모토역(60분 소요) → 와카야마역(특급 쿠로시오(くろしお) 75~90분) → JR 시라하마역 → 숙소 이동(버스로 10~20분 소요)
* 전 구간 간사이 와이드패스 활용 가능, 버스비 별도.

*** 숙박**
시라하마 숙소, 명소, 음식점 등 상세 정보 www.town.shirahama.wakayama.jp (한글지원)
시라라소우 호텔 : 해변 백사장과 연결된 리조트타입의 호텔. 전 객실에서 바다 전망이 가능하며, 갓 잡은 생선을 이용한 가이세키 요리로 1박 2식을 제공하는 것이 특징이다.
호텔 씨모어 : 바다가 가장 가까운 노천탕인 사키노유 인근에 위치. 아름다운 석양을 바라보며 온천욕을 즐길 수 있는 매력적인 호텔이다.
무사시 료칸 : 시라하마 해변 옆, 버스정류장 바로 앞에 위치한 현대식 료칸. 식당, 온천탕, 매점과 로비 등 부대시설이 잘 갖춰져 있고, 식사도 매일 메뉴를 달리해 깔끔하게 잘 나온다. 객실 수가 많고, 바다가 보이는 쪽은 조금 비싸지만 전망이 좋다. 시라하마 해변, 엔겐츠도가 가깝다.

*** 먹을거리**
료칸이나 호텔에서는 독특하고 맛깔스러운 생선요리를 제공한다. 그 외 음식점은 돈가스부터 생선요리, 우동 등을 판다.
토모(とも) : 시라스나 노천탕에서 상점가로 이동하는 초입의 음식점. 일본 요리, 창작 요리, 숯불구이·화로구이, 회·해물 요리 등을 맛볼 수 있다. 17:00~23:00, 일요일 휴무
도키와스시(ときわ寿し) : 시라하마 북쪽에 자리한 일식점으로 소바, 해물덮밥 같은 간단한 요리부터 초밥과 생선회 등 각종 음식을 맛볼 수 있다. 11:00~14:00, 16:00~22:00. 목요일 휴무.

쿠로시오 특급. 시라하마의 관광버스 메이코.

3

셋 째 날

아침에 조금 서둘러 온천 순례를 나서자. 사키노유는 바다와 바로 접해있는 노천 온천탕으로, 사키노유 만으로도 시라하마에 올 만한 충분한 이유가 된다. 무로노유, 시라스나 노천탕, 시라라유 등 대중 온천탕이 여럿 있으니 몇 곳을 골라 온천 순례를 떠나기에 좋다.

시라스나 노천탕(しらすな)

시라스나 노천탕은 해수욕장에 붙어 있는 일본에서 가장 개방적인 혼욕노천탕이다. 온천욕을 즐기는 사람들을 누구나 볼 수 있기 때문에 기본적으로 수영복을 입고 온천욕을 즐긴다. 여성병과 만성 위장병, 화상에 효과가 뛰어난 곳으로 가족단위로 찾는 방문객에게 인기있다.

* 10:00~15:00. 요금 200엔, 10~4월까지는 무료. 매주 월요일 휴관.

무로노유(牟婁の湯)

사키노유에서 5분 거리인 무로노유는 시라하마 명탕으로 꼽힌다. 염화나트륨과 염화탄산수가 포함된 원천수가 나오며, 약알칼리성으로 부인병, 만성위장병, 갱년기피로, 화상, 피부상처 등에 좋은 것으로 알려져 있다. 탕에서 항구 풍경이 바로 보여 여행의 여유로움을 느끼게 해준다.

* 7:00~22:00. 매주 화요일 휴관. 성인 500엔.

시라라유(白良湯)

시라스나 노천탕과 이어진 백사장을 따라 조금 걸으면 솔밭 중앙에 자리한 시라라유와 마주하게 된다. 일본식 가옥으로 이루어진 시라라유 온천은 모두 내탕으로만 구성되어 있지만 온천탕에서 해수욕장과 바다를 감상할 수 있는 전망이 뛰어난 온천이다. 높은 천장과 옛날 분위기를 고스란히 맛볼 수 있는 옷장과 시설은 어린 시절 목욕탕을 떠올리게 한다.

* 7:00~22:00, 요금 500엔. 매주 목요일 휴관.

사키노유(崎の湯)

시라하마의 상징 같은 해변 노천탕으로, 시라하마에서 꼭 가봐야 할 곳이다. 일본서기에 등장할 정도로 오랜 역사를 자랑하는 사키노유는 바다와 바로 맞닿은 곳으로, 여러 왕과 태자들이 찾아 유명세를 얻었다. 무엇보다 바다와 바위 사이의 노천탕에 몸을 담그고 바라보는 바다 풍광이 최고이다. 마치 다른 세상에 와 있는 것 같은 느낌이 든다.

* 4~6월, 9월 8:00~18:00, 7~8월 7:00~19:00, 10~3월 8:00~17:00, 매주 수요일 휴무. 요금 500엔.

*** 교통**

시라하마 시내 : 역과 온천을 순회하는 버스를 이용해 원하는 곳으로 이동이 가능하며 주요 온천은 도보로 이동 가능하다.

시라하마 → 간사이공항 : JR 시라하마역(쿠로시오 특급) → 히네노역 환승. 공항 특급으로 → 간사이공항 총 2시간 10여 분 소요.

13

#교토부 교토

두근두근 교토 여행

도시 전체가 거대한 박물관이라 불리는 교토. 왕궁과 신사와 절, 아름다운 정원과 귀족의 저택들이 도심에 가득하다. 8세기 말부터 16세기까지 천년 간 일본 정치, 문화, 예술의 중심지로 중국 당나라 장안시를 모델로 한 계획 도시이다. 유네스코 문화유산으로 등재된 유적만도 니조죠, 고쇼궁, 히가시혼간지, 고다이지, 킨카쿠지, 료안지, 기요미즈데라, 긴카쿠지 등 손에 꼽기 힘들며, 교토학파를 상징하는 철학자의 길, 화려하면서도 세련된 기온의 밤거리, 청수사에서 아카사카 신사로 이어지는 니넨자카와 산넨자카, 봄이면 연분홍으로 물드는 벚꽃과 가을에 붉게 물드는 단풍 등 가슴을 설레게 만드는 볼거리가 너무 많다. 봄, 여름, 가을, 겨울마다 다른 얼굴을 보여주어 교토 여행은 늘 두근두근 설렌다.

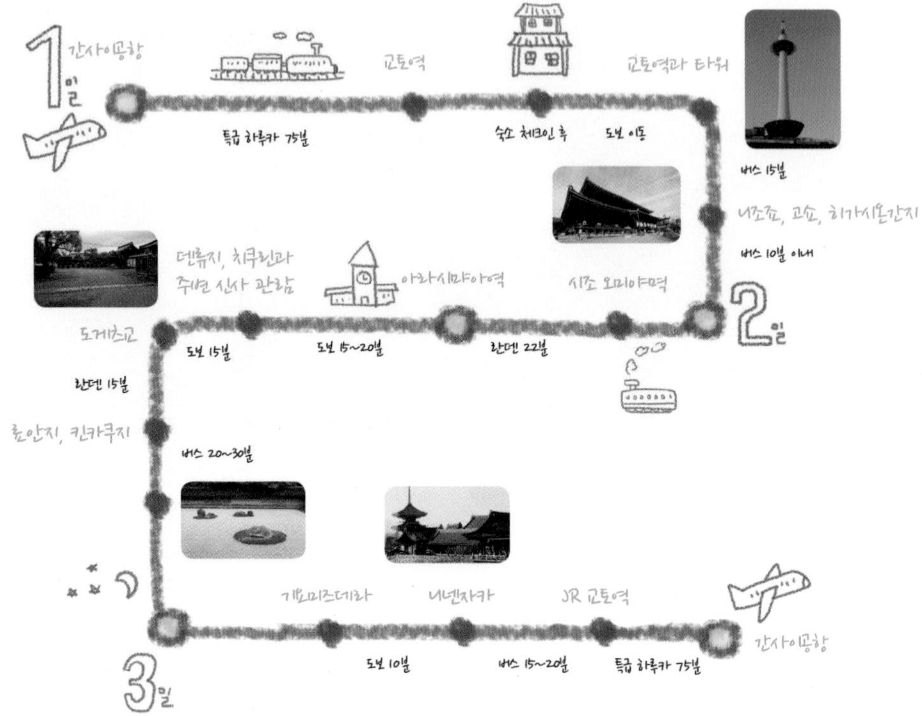

*** 2박 3일 추천 일정** 간사이공항(IN) – 교토(2박) – 간사이공항 (OUT)

*** 추천 시기** 봄, 여름, 가을, 겨울 어느 때라도 좋은 곳. 3월 중하순에서 4월 초가 되면 온 천지 벚꽃이 흐드러져 밤이면 라이트 업 이벤트가 열리고, 7월 중순에는 기온 마츠리가 열린다. 가을이면 빨간 단풍이 밤조차 붉게 만들고, 눈 내리는 겨울에는 일 년에 한번만 공개하는 국보 특별배관전이 여행객을 즐겁게 만든다.

*** 교통** **간사이공항 → 교토역**

기차 : JR 하루카로 75분 소요. 자유석 3,640엔. 1시간에 2대꼴로 운행되며 간사이 와이드 에어리어패스 이용 가능.

버스 : 리무진 버스로 교토역까지 약 85분 소요. 30~40분 간격으로 있으며, 편도 2,800엔 왕복 5,100엔. 피치항공이 서는 제2터미널에서 바로 탈 수 있으며 막차가 11:40분이라 늦게 도착하는 경우에 리무진이 가장 편리하다. 간사이 리무진(www.kate.co.jp/pc/index.html)/ 한글지원.

*** ICOCA & 하루카 패스** JR, 지하철, 사철, 버스, 쇼핑 등에 사용할 수 있는 IC카드 'ICOCA' (구입시 2,000엔 기본 충전 후 사용 가능하며, 하루카 패스가 있으면 특급 열차 하루카를 3,200엔에 이용할 수 있다.

* **여행 정보**　　**교토 :** www.kyoto.travel/kr/한글지원
홈페이지에 벚꽃 개화 시기, 단풍 현황 등을 상세하게 안내한다. 여러 이벤트와 현지 소식을 자세하게 전하므로 사이트를 통해 체크하자. 교토역 관광안내소에는 한국어 안내원이 있으며, 지도와 안내 책자를 받을 수 있다.

* **버스**　　교토의 경우 지하철보다 버스가 편리하다. 1회 230엔, 1일 버스권 700엔. 버스 내 운전 기사에게 구입 가능. 지하철 기본 요금 성인 220엔, 어린이 110엔, 버스+지하철 통합 1일 이용권 성인 1,100엔, 어린이 550엔.

* **란덴**　　**교토 → 아라시야마 :** 아라시야마는 교토 외곽으로 기차나 버스를 타고 갈 수도 있지만, 1량짜리 귀여운 노면전철인 란덴(www.keihan.co.jp/travel/kr 한글지원)을 이용해 보자. 100년 된 전차는 주택가의 좁은 철길을 따라 천천히 달리는데, 봄의 벚꽃길도 좋고 주요 관광지와도 연결되어 있어 교토 여행의 또 다른 즐거움을 준다. 출발역인 란덴 시조오미야(四大宮)역에서 란덴 아라시야마역까지 22분 소요. 각 구간250엔, 어린이 120엔. 1일권 500엔.

* **숙박**　　최고급 체인호텔과 고급 료칸을 비롯 비즈니스호텔, 민박, 유스호스텔, 게스트하우스까지 다양한 숙박시설이 있다. 유서 깊은 고급 료칸의 경우 초고가이며, 늘 여행객이 많아 전체적으로 요금이 비싼 편이다. 벚꽃철, 단풍철에는 몇 달 전에도 예약하기가 쉽지 않을 정도이므로 미리 계획을 세워야 한다.

산넨자카의 인력거.

아라시야마행 란덴.

교토의 천으로 만든 부채.

1

교토 타워 → 히가시혼간지, 니시혼간지 → 니조죠 → 고쇼

고도의 첫 인상은 현대적이고 세련된 교토역에서 시작된다. 쇼핑몰과 백화점, 식당가, 호텔 등 다양한 시설이 있는 교토역과 바로 앞의 교토 타워를 눈에 넣은 다음 걸어서 혼간지 절로 간다. 그리고 교토의 중심이라 할 일왕과 가족들의 거주지였던 고쇼와 쇼군의 숙소로 이용된 니조죠를 돌아본다.

교토 타워

www.kyoto-tower.co.jp:
교토역 중앙출구를 나서면 교토 타워가 눈앞에 들어온다. 오랫동안 교토의 상징으로, 1964년 세워질 당시 경관을 해친다고 반대도 많았다고 한다. 등대와 닮아 '교토의 등대'라는 애칭으로 불린다. 타워의 360도 파노라마 전망대에 오르면 계획도시 교토의 진면목을 확인해 볼 수 있다.

* 교토역에서 도보 1분, 9:00~21:00, 성인 770엔.

히가시혼간지(東本願寺)

www.higashihonganji.or.jp: 교토의 목조건축물 가운데 가장 큰 규모를 자랑하는 절이다. 웅장한 높이 56.4미터의 5층탑과 독특한 미술과 건축물이 많다. 823년에 건립된 교토의 대표적 사찰로, 헤이안시대에는 현재보다 훨씬 큰 규모였다고 한다. 1602년 도쿠가와 막부가 불교 세력을 약화시키기 위해 니시혼간지와 분리시켜 오늘에 이르고 있다. 화재로 소실되었다가 20세기 초에 복원되었다.

* 교토역에서 도보로 10분, 3월 20일~9월 19일 8:30~17:30, 9월 21일~3월 19일 9:00~16:30, 경내 무료, 보물관은 500엔.

니조죠(二条城)

www.nijoujou.com: 교토의 중심에 위치한, 도쿠가와 이에야스가 교토에 머무르는 동안 숙소로 이용하던 성이다. 평지에 세워진 전형적인 평성으로, 외부 침입에 방어하기 위해 동서 500미터 남북 400미터의 해자를 두고 성으로 통하는 다리는 모두 소리가 나도록 만들었다. 화려한 가라몬(唐門)을 지나 처음 만나는 건물은 니노마루고텐으로 국보로 지정되었다. 부속 건물들도 중요문화재이며 연결된 니노마루 정원은 특별 명승지이자 세계문화유산이다. 벚나무와 단풍나무, 큰 연못에 섬을 만들고 돌을 배치한 일본 정원으로 사계절 늘 아름답다. 규모가 커 시간을 두고 찬찬히 둘러보는 것이 좋다.

* 관람료 : 성인 1,300엔, 중학생 400엔, 초등학생 300엔.
* 9, 12, 50, 101번 버스 니조죠 마에 하차.
8:45~17:00(1, 7, 8, 12월 화요일 휴무)

니시혼간지(西本願寺)

www.hongwanji.or.jp: 원래 히가시혼간지와 같은 사찰이었으나, 도쿠가와 막부에 의해 두 곳으로 분리되어 오늘에 이르고 있다. 정토진종 혼간지파의 본산으로, 국보로 지정된 당문은 화려하고도 웅장하다. 중요한 문화재를 많이 보유하고 있으며, 유네스코 세계문화유산에도 등재되어 있다. 고케이노니와로 불리는 정원과 전통무용극 노 공연을 하던 무대 등을 눈여겨보자. 비운각(飛雲閣)은 모모야마시대의 3층 누각으로, 금각사, 은각사와 함께 교토 3각으로 불린다.

* 교토역에서 도보로 20분, 버스 9, 28번 니시혼간지마에 하차, 3월 20일~9월 19일 8:30~17:30, 9월 21일~3월 1일 9:00~16:30, 경내 무료, 본전 관람은 사전예약.

교토 고쇼 왕궁(京都御所)

www.sankan.kunaicho.go.jp (한글지원)
: 가마쿠라(鎌倉) 시대 중반부터 메이지 시대(明治時代) 초기까지 역대 왕과 가족들이 거주하며 직무를 수행했던 장소다. 왕의 집무공간이 도쿄로 옮겨가면서 교토 고고(京都皇宮)라 불리게 되었다. 이후 교토고엔(京都御苑)과 인근 대학캠퍼스를 묶어 '고쇼(御所)'라 부르고 있다. 아름다운 정원의 교토 고쇼는 최소 4일 전까지 인터넷으로 신청 후 안내인을 따라 관람할 수 있다. 표준 60분 코스와 단축 30분 코스가 있다. 봄, 가을 5일씩 신청 없이 일반 관람할 수 있는 기회가 있다. 고쇼 주변은 거대한 부지에 공원이 조성되어 있어 교토시민이 즐겨 찾는다.

* 숙박

교토 타워호텔(www.kyoto-towerhotel.jp/ko (한글지원)) :
교토역 건너편에 위치한 호텔. 주요 명소로의 접근이 편리하며, 인근에 빅카메라 등 쇼핑몰과 식당 등이 많다.

호텔 그랜비아 교토(www.granviakyoto.com/ko (한글지원)) :
교토역에 자리한 고급 호텔. 백화점과 식당가, 지하상가, 쇼핑몰 등과 연결되어 있는 최적의 위치이다.

* 먹거리

토요테이(東洋亭) :
100년 전통의 양식집. 교토역 내 식당가와 교토역 바로 앞 포르타 지하상가에 지점이 있다. 햄버그스테이크가 유명한데, 살짝 얼린 토마토 샐러드와 함께 먹으면 더 맛있다.

소혼케 니신소바 마츠바(總本家 松葉) : 소바 국물에 말려 조미한 청어를 넣은 것. 교토 명물요리로, 마츠바에서 처음 고안한 요리이다. 기온 거리의 가부키좌 1층에 위치해 있어 찾기도 쉽다. 깔끔한 국물에 절대 비리지 않고, 달면서도 담백한 청어 한마리가 통으로 들어가 한 그릇이면 든든할 정도이다. 교토역점도 있다.

2 둘째 날

교토 시조오미야역 → 아라시야마 텐류지, 치쿠린, 도케츠교 → 교토 료안지, 킨카쿠지

빼어난 자연경관을 지닌 아라시야마(嵐山). 헤이안 시대부터 귀족들의 별장지로 알려진 곳으로, 교토에서 가깝다. 낭만적인 전차 란덴을 타고 가보자. 일본 정원의 백미인 텐류지, 텔레비전과 드라마에 많이 나오는 넓은 대나무 숲(치쿠린)과 달이 건넌다는(도케츠교) 낭만적인 이름의 다리와 강, 산수가 아름답다. 다시 란덴을 타고 일본 정원의 백미라 할 료안지와 킨카쿠지로 간다.

텐류지(天龍寺)

www.tenryuji.com/kr (한글지원) 오랜 세월 아라시야마의 상징인 곳. 1225년 왕실의 별궁으로 지어졌다가 1339년 선종 사찰로 바뀌었다. 150여 채에 달하는 웅장한 사찰이었으나 15세기 오닌의 난 때 화재로 지금의 규모가 되었다. 선불교 정신세계를 구현한 아름다운 정원으로도 유명하다. 그러나 최고의 볼거리는 이른 아침 탁발순례를 나서는 승려들의 모습이다. 유네스코 세계문화유산으로 등재되어 있으며, 정원 뒤쪽의 산책로를 오르면 대숲과 만나게 된다.

* JR 아라시야마역에서 도보 20분. 란덴 아라시마야마역에서 도보 2분, 3월 21일~10월 20일 8:30~17:30. 10월 21일~3월 20일 9:00~17:00, 경내관람 무료, 정원 성인 500엔, 초중학생 300엔, 불당 참배 통합권 600엔.

치쿠린(竹林)

텐류지의 넓은 정원 뒤쪽에 조성된 대나무 숲길이다. 키가 10~15미터에 수령이 수십 년이 넘은 굵은 대나무가 약 300여 미터에 걸쳐 울창한 숲을 이룬 것이 장관이다. 산책로를 따라 걸으면 온몸에 푸른 물이 들 것만 같은, 교토의 습한 여름도 날려버릴 정도로 상큼한 기분이 드는 곳이다. 하늘을 찌를 듯 쭉 뻗은 대나무 숲은 어느 곳을 찍어도 멋진 사진을 얻을 수 있다. 사람들이 많아 조용하게 산책을 즐기려면 이른 아침에 찾아가 보자.

* 텐류지 산책로의 북쪽 출입구와 연결. 텐류지 입구에서 노노미야 신사 쪽으로 오면 치쿠린 입구.

노노미야 진자(野宮神社)

대나무 숲의 길목에 있는 신사. 일왕을 대신해 이세신궁에서 태양신을 모신 사이오(황녀 중 선택)가 이세에 가기전 몸을 정결하게 한 곳. 규모는 작지만 겐지모노가타리에도 아름답게 묘사될 정도로 오랜 전통을 지닌 신사. 연인과의 사랑을 이뤄준다는 신과 순산의 신을 모시고 있어 일본의 젊은이들에게 인기가 높다고 한다. 대나무 숲을 걷고 난 후 다음 지친 다리를 쉬어가기에도 좋다.

* 시조오미야(四条大宮)역에서 란덴을 타고 아라시야마역에서 하차. 22분 소요. 역에서 도보 10분 정도 소요. 9:00~17:00, 입장료 무료.

가메야마 공원(亀山公園)

대나무 숲이 끝나는 곳과 연결된 가메야마 공원은 헤이안 시대 귀족들의 별장이 있던 곳이다. 야트막한 동산에 난 산책로를 따라 가면 전망대에 오르게 되고, 나무가 울창한 아담한 산자락과 계곡을 잇는 능선이 눈에 들어온다. 평온과 여유를 만끽하며 사색을 즐기기에 그만이다. 계곡 쪽으로는 아라시야마의 또 다른 명물, 도롯코 관광열차가 다니는 선로가 보인다. 계곡을 따라 벚꽃과 단풍, 강변 풍경도 즐길 수 있는 기차이다.

* JR 아라시야마역에서 도보 35분. 란덴 아라시마야마역에서 도보 15분.

도게츠교(渡月橋)

호즈가와(保津川)에 놓인 나무 다리. 나무에 시멘트를 적절히 활용해 만든 낭만적인 다리로, 수행하던 도쇼라는 승려가 처음 만들었다고 한다. 길이 155미터 폭 11미터에 달하는 이 다리는 봄부터 붐비기 시작한다. 봄이면 호즈가와 강변에 조성해 놓은 나가노지마 공원의 신록과 벚꽃을 구경하기 위해, 여름이면 시원한 바람을 맞으며 강에 배를 띄우고 가마우지 낚시를 즐길 수 있고, 단풍이 드는 가을 밤에는 라이트업 행사로 조명이 아름다운 다리를 밝힌다. 주변에는 식당과 상점가가 이어져 있어 한번쯤은 가보게 되는 곳이다.

* 란덴 아라시야마역에서 도보 5분 정도, JR 아라시야마역에서 도보 20분.

세이료지(清涼寺)

중국 오대산의 절을 모델로 지은 사찰로, 아라시야마에서 가장 오래되었다. 987년 처음 완성된 건물은 화재로 소실되어 볼 수 없지만 그 자리에 1701년에 복원한 본당이 남아 있다. 본당에는 석가여래입상과 중국에서 가져온 불화가 있고, 부속건물에는 중국 도교의 인물을 형상화시켜 놓은 조각상이 있다. 가을에는 단풍이 유명하다. 원래 겐지모노가타리의 주인공 히카루 겐지의 모델이라고 알려진 왕자 미나모토노토오루의 산장이었다고 한다.

* JR 아라시야마역에서 도보 20분. 란덴 아라시마야마역에서 도보 20분, 본당과 정원 9:00~16:00, 성인 400엔.

료안지(龍安寺)

www.ryoanji.jp: 11세기 무렵 지어져 1450년 이후 료안지로 개명하였다. 흰모래 위에 15개의 돌로 만든 석정(石庭)으로 유명하다. 주지 스님이 기거하는 방장에 딸린 정원으로, 연못 등의 물 없이 돌과 모래로 산수를 표현한 가레산스이(枯山水)식 정원이다. 어느 방향에서 보아도 15개의 돌이 한눈에 들어오지 않는 것으로 유명하다. 유네스코 세계문화유산으로 등재되어 있다. 다실에 들어가기 전 손과 입을 씻는 쓰쿠바이(蹲踞)라는 작은 돌도 챙겨 볼 것. 가을이면 절 입구의 큰 연못을 둘러싼 붉은 단풍이 아름답다. 사람들로 북적이는 킨카쿠지와 달리 비교적 조용해 산책로를 걸으며 가을의 정취에 푹 빠져들 수 있다.

* 59번 버스 료안지마에, 란덴 료안지역 하차, 3~10월 8:00~17:00, 11~2월 8:30~16:30, 성인 500엔, 초중학생 300엔.

킨카쿠지(金閣寺)

www.shokoku-ji.jp : 화려한 금박 장식으로 유명한 킨카쿠지. 유네스코 세계문화유산으로 교토에서 가장 유명한 곳. 공식명칭은 로쿠온지(鹿苑寺). 아시카가 요시미츠(足利義滿) 쇼군(將軍)이 은퇴해 여가를 보내던 산장이 훗날 선종 사찰이 되었다. 1950년 수도승의 방화로 완전히 소실된 것을 1955년에 새로 지었다. 정원 연못에 비치는 금빛 금당이 아름다우며, 계절마다 다른 느낌으로 다가오는 산책로와 부속채 건물 등 볼거리가 많다. 미시마 유키오의 소설 〈금각사〉의 무대로도 유명하다.

* 12, 59, 101, 102, 104번 킨카쿠지에서 내려 도보 5분, 9:00~17:00, 성인 500엔, 초등생 300엔.

*** 교통**

교토 → 아라시야마 : 시조오미야(四大宮)역에서 란덴으로 22분, 250엔

아라시야마 → 교토 료안지 : 란덴은 두 개 노선이 있는데, 기타노(北野)선을 타고 료안지역에 내린다. 료안지역에서 료안지까지는 도보 10분 정도.

*** 숙박**

www.kyototourism.org/ko/stay : 교토 교통, 숙박, 먹거리, 명소, 교통 등 다양한 정보.

*** 먹거리**

아라시야마 안주(庵味) : 텐류지 앞에 있는 음식점. 생선요리부터 소바, 튀김요리, 도시락 등을 판다.

세이젠인(西源院) : 료안지 경내에 위치한 유일한 음식점으로, 두부요리와 신선한 야채와 소바 등을 제공하는데 담백한 맛이 일품이다.

하나우사기(hanausagi) : 긴카쿠지 언덕길의 아담한 카페로 간단한 음식과 차, 커피, 디저트 등을 먹을 수 있다.

3 셋 째 날

교토 긴카쿠지, 기요미즈데라 → 교토역 → 간사이공항

긴카쿠지라 불리는 은각사에서 철학의 길을 따라 아침 산책을 나서자. 아침 나절의 호젓한 분위기가 절로 사색에 잠기게 한다. 그리고 교토 시내가 내려다 보여 호쾌하고, 본당 건물은 언제 보아도 웅대한 기요미즈데라로 간다.

긴카쿠지(銀閣寺)

www.shokoku-ji.jp : 절 입구의 흰 모래를 탑처럼 쌓아 만든 독특한 모래 정원과 다양한 종류의 아름다운 이끼정원이 유명하다. 연못과 다리, 작은 개울가를 지나 이끼정원과 산책로를 따라 언덕 위에 오르면 절 전체의 경치를 볼 수 있다. 킨카쿠지와 비슷하지만 좀더 소담하고 차분한 분위기이다. 히가시야마 기슭에 있으며 공식명칭은 도잔지쇼지(登山慈照寺)이다. 1482년 아시카가 요시마사(足利義正) 쇼군(将軍)이 별장으로 지었다가 1490년에 선종 사찰이 되었다.

* 5, 17, 32, 100,102, 203번 버스 긴카쿠지마에 하차, 도보 10분, 3월 15일~11월 30일 8:30~17:00, 12월 1일~3월 14일 9:00~16:30, 성인 500엔, 초중학생 300엔.

기요미즈데라(清水寺)

킨카쿠지와 더불어 교토를 대표하는 사찰이다. 완만한 언덕의 상점가를 지나 절 입구의 붉은색 탑을 지나면 139개의 거대한 기둥 위에 지은 기요미즈데라 본당과 만난다. 본당의 나무 난간에서는 교토 시내가 한눈에 보이고 특히 봄, 가을이면 벚꽃과 단풍을 보러온 사람들로 그야말로 인산인해를 이룬다.이때는 이른 아침에 가볼 것. 교토의 절 중 가장 일찍 문을 연다. 본당 옆의 오쿠노인에서 바라보는 본당의 풍경도 압권이다. 못을 전혀 쓰지 않고 목재 기둥을 연결하여 지은 거대한 본당의 모습은 기요미즈데라의 가장 유명한 포토 포인트이다. 798년 건립되었으며 1633년에 도쿠가와 이에미츠에 의해 지금의 규모를 갖추었다고 한다. 맑은 물이란 의미를 지닌 기요미즈는 동쪽 언덕에서 흘러내리는 폭포에서 유래되었다. 2020년 보수 공사가 끝나 자유롭게 둘러볼 수 있다.

* 100, 202, 206, 207번 버스 기요미즈데라마에 하차, 도보 15분, 6:00~18:00, 성인 400엔.

니넨자카(二年坂) 산넨자카(産寧坂)

www.the-kyoto.jp : 기요미즈데라에서 기온으로 이어지는 예쁜 골목길인 니넨자카, 산넨자카는 가장 교토다운 거리로 여행객들이 꼭 걷고 싶어하는 곳이다. 오랜 기념품점과 전통 찻집, 레스토랑과 료칸 등이 이어진 거리는 눈과 입을 즐겁게 하는 것들로 가득하다. '고개'를 뜻하는 자카가 말해주듯 완만한 언덕길과 가파른 계단으로 이어지며 교토의 민가들이 잘 보존된 지역이다. 기모노를 입은 외국 여행객들과 우아한 기모노 차림의 교토 부인들도 종종 만나게 된다.

* 기요미즈데라 상점가에서 오른쪽 골목, 연중무휴, 가게들은 6시를 전후해 문을 닫는다.

*** 교통**
교토역 → 간사이공항 : 특급 하루카는 1시간에 2대꼴로 운행. 1시간 15분 소요.

*** 먹거리**
고류우카쿠(五龍閣) : 산넨자카의 100년된 레스토랑 카페. 샐러드 샌드위치, 파스타, 커리 등 다양한 음식을 즐길 수 있다. 두부로 만든 음료와 후식도 유명. 영업시간은 11:00~17:00.
혼케오와리야(本家尾張屋) : 소바 전문점으로 창업한 지 540년에 달하는 유서 깊은 음식점이다. 카레소바부터 오라이소바 등 다양한 소바를 즐길 수 있다.

*** 살거리**
요지야(よいや) : 교토 게이샤들이 사용하던 기름종이로 잘 알려진 회사. 기름종이, 거울 같은 액세서리 등을 취급하는데 그 인기가 매우 높으며 교토 도심과 킨카쿠지, 기요미즈데라 아래 산넨자카 지역 등에 매장이 있다.

14

#나라현 나라 #아스카 #요시노

일본 문화유산 답사 여행의 출발점

완만한 산으로 둘러싸인 아스카와 나라에는 일본 어느 도시보다 오래된 절과 명승지가 많다. 6~7세기 고대 왕국인 아스카에 백제와 고구려의 불교와 예술이 전해졌고, 수도를 나라로 옮긴 다음 국가의 기틀을 다지고 웅장한 불교 사찰을 남겼기 때문이다. 뛰어난 불교 유산이 있는 아스카와 나라로 역사 문화여행을 떠나보자. 이 코스는 일본 문화 답사이자, 일본 속 한반도의 문화 자취를 찾아가는 여행이기도 하다. 일본 최초 세계문화유산인 호류지와 최대 규모의 목조 가람 도다이지, 국립나라박물관과 사슴과 사람이 하나가 되는 나라공원, 그리고 벚꽃과 단풍이 아름다운 요시노야마에서 일본 문화의 저력을 느낄 수 있다.

*** 2박 3일 추천 일정** 간사이공항(IN) – 나라(2박) – 아스카, 요시노 – 간사이공항(OUT)

*** 추천 시기** 봄, 여름, 가을, 겨울 어느 때도 좋지만 벚꽃이 만발하는 4월 초, 축제가 열리는 7월 중순, 단풍 구경은 11월 초가 가장 좋다.

*** 간사이 스루패스** 나라와 아스카 지역은 사철이 운행되므로 간사이 스루패스가 유용하다. 간사이공항, 나라, 아스카를 연결하는 킨테츠 기차, 난카이선 등 JR을 제외한 여러 사철과 버스를 이용할 수 있다.
2일권 성인 4,380엔, 어린이 2,190엔, 3일권 성인 5,400엔, 어린이 2,700엔. (간사이 스루패스 ww.surutto.com) 홈페이지는 한글 지원되어 코스와 이동 경로를 짜는데 큰 도움이 된다.
오사카에 숙소를 정하고 나라·아스카를 여행한다면 간사이 스루패스가 특히 유용하다.

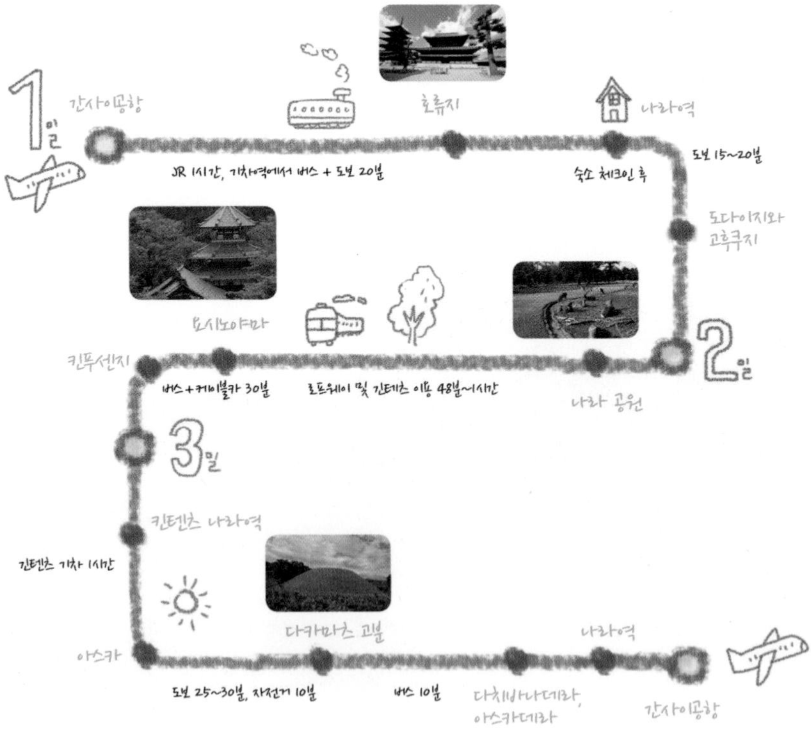

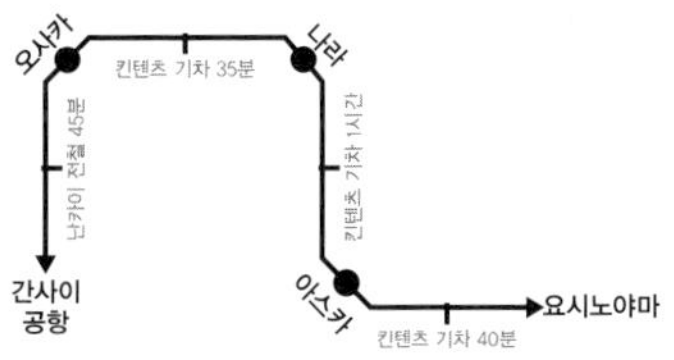

인공 연못을 배경으로 세워진 도다이지.

*** 여행 정보**

나라 : www.narashikanko.or.jp/ko (한글지원)
나라에는 JR 나라역과 킨테츠 나라역이 있는데, 킨테츠역이 나라공원과 더 가깝다. 나라공원 입구, 호류지역 등 주요 명소의 관광안내소에서 지도와 교통, 숙박정보를 제공한다. 홈페이지에 각종 이벤트와 식당, 숙소, 관광지도 등 다양한 정보가 세밀하게 안내되어 있다. 한국어가 지원되므로 미리 찾아보는 것이 가장 좋다. 나라공원, 고후쿠지, 도다이지까지 걸어서 돌아볼 수 있다.

아스카 : www.asuka-park.jp/ko (한글지원)
여름이 아니라면 걸어서 천천히 돌아보거나 아스카역 앞에서 자전거를 빌려 돌아보는 것이 가장 좋다. 버스가 있지만, 시간 확인은 필수. 관광안내소는 아스카 역사공원 안에 있다.

요시노야마 : www.yoshinoyama-kankou.com (한글지원)
관광협회 홈페이지에서 관광지도, 숙박 안내, 벚꽃 개화시기 안내, 요시노야마 내의 교통편인 로프웨이, 버스 시간표와 운임 등 정보를 살펴본다. 완만한 언덕이 계속돼 버스나 로프웨이 등을 이용한다.

*** 교통편**

간사이공항 → 나라역 : ① **JR 기차 :** 간사이공항(특급 하루카 30분 소요) - 텐노지 (나라행 34분 소요) - JR 나라역. 매시간 1~2편씩 운행된다.
② **킨테츠 기차 :** 간사이공항(난카이 특급 40~50분 소요) - 난카이 난바역에서 도보로 킨테츠 난바역 이동 - 킨테츠 나라역(35분 소요). 간사이 스루패스 가능.

*** 숙박**

오사카와 가까워 보통 오사카에 숙소를 잡고 당일 여행하는 경우가 많다. 그러나 오랜 역사 도시인 나라를 제대로 느끼려면 나라에서 숙박할 것을 추천한다. 해질녘의 평온함과 이른 아침의 신선한 공기를 마시며 나라에서 하루를 온전히 지내보자. 사람들에 휩쓸려 지나던 공원과 사찰의 모습과는 다른, 고도의 조용함을 느낄 수 있다. 아스카와 요시노야마는 숙소가 많지 않고, 나라에는 고급 료칸과 호텔, 농가나 개인집을 개조한 민박이나 게스트하우스 등 다양하게 선택할 수 있다.

1 첫째 날

간사이공항 → 나라 호류지 → 나라공원

710년 고대 일본의 수도였던 나라. 지금은 작은 도시이지만 역사적 유적만큼은 어느 도시보다 많다. 일본 최초의 세계문화유산인 호류지와 최대 목조 건물인 도다이지, 사슴과 한적한 시간을 만끽할 수 있는 나라공원, 각종 유물로 가득하다.

호류지(法隆寺):

www.horyuji.or.jp: 아름다운 금당 건물과 5중탑, 그리고 백제관음상을 모신 일본 최고의 유적지이다. 불교 전파에 힘을 쏟은 쇼토쿠 태자가 지은 사찰로, 세계에서 가장 오래된 목조 건물과 2,300여 점에 달하는 국보와 중요문화재가 있다. 유네스코 문화유산인 호류지는 남대문을 통해 들어가면 5층탑과 금당, 대강당 등 주요 건물이 있는 서원(西院), 동대문과 쇼토쿠 태자의 화신이라는 관음상을 모신 팔각형의 유메도노(夢殿)를 중심으로 한 동원(東院)으로 나눠져 있다. 아스카시대를 대표하는 사찰이자 쇼토쿠 태자를 개조(開祖)로 하는 성덕종의 대본산이다.

* JR 호류지역 남쪽 출구에서 도보로 20분, 버스 호류지마에 하차 7분 소요. 2월 22일~11월 3일 8:00~17:00, 11월 4일~2월 21일 8:00~16:30, 연중무휴. 성인 1,500엔, 12세 미만 750엔.

다이호조인(大宝藏院)

호류지에서 절대 빼놓지 말아야 할 곳으로, 건물은 평범하나 전시된 유물만큼은 일본 최고를 자랑한다. 조도를 낮춘 실내에는 큰 불상들과 불교 유물들, 타다 남은 금당벽화의 일부와 백제관음상 등 귀한 보물로 가득하다. 가장 인상적인 것은 역시 온화한 미소의 백제관음상이다. 호류지와 아스카 문화가 백제와 얼마나 밀접한 관련이 있는지 잘 보여주는 유물이다. 이외 유메처가이 관음상, 백만탑 등이 전시되어 있다.

금당(金堂)

호류지의 상징으로 서원의 중앙에 세워진 금당이다. 아스카 시대를 대표하는 건축물이며 2층 목조의 웅장한 외관과 불상 등 유물이 많다. 쇼토쿠 태자를 위해 제작했다는 금동 석가 삼존상과 태자의 아버지 요메이 왕을 위한 금동 약사여래좌상 등을 비롯하여 나무로 만든 사천왕상 등이 보존되어 있다. 20세기 중반 화재로 소실되어 지금은 볼 수 없지만, 고구려의 승려 화가 담징이 그린 비상하는 새의 그림이 있었다.

오층탑(五層塔)

일본의 현존하는 탑 가운데 가장 오래된 탑이다. 높이 32.3미터에 달하는 웅대한 목조탑으로, 나라시대와 아스카시대의 여러 불상을 모시고 있다. 기단 동쪽에는 유마거사와 문수보살이 이야기를 나누는 그림이, 서쪽에는 석가모니 부처님의 사리를 분리하는 광경이, 남쪽은 미륵보살이 설법하는 장면, 북쪽은 석가모니가 입적하는 모습이 그려져 있다.

유메도노(夢殿)

동쪽가람을 대표하는 전각이다. 아스카 시대의 이카루가 궁터에 739년 유키노브라는 승려가 쇼토쿠 태자의 업적을 기리기 위해 절을 지었다. 그 가운데 중심이 되는 건물이 유메도노이다. 일본에서도 드문 팔각형으로, 독특한 외관과 더불어 내부에는 쇼토쿠 태자의 실물 크기로 제작한 비불구세 관음상, 성관음 보살상과 효도상 등이 모셔져 있다. 모두 국보로 지정되어 있다.

고후쿠지(興福寺)

www.kohfukuji.com (한글지원) 나라공원 초입에 자리한 고후쿠지는 담장이 없는 사찰이다. 710년 헤이조쿄가 조성되고 가장 먼저 세력가인 후지와라씨가 지은 사찰로, 9세기 무렵에는 나라공원 전체가 고후쿠지일 정도로 거대한 규모를 자랑하였다. 그러나 여러 번의 화재로 대부분 소실되었고, 메이지유신 이후에는 불교의 배척으로 인해 아름다운 불상이 땔감으로 사용되는 수난을 겪기도 했다. 고후쿠지의 상징인 50.8미터 높이의 오층탑과 여러 전각들은 대부분 재건된 것이지만, 국보관에는 예전의 고후쿠지의 영광을 보여주는 보물이 가득하다. 청동불두, 팔부중상 등 일본 불상 조각을 대표하는 국보와 중요문화재만도 80점이 넘는다.

* 킨테츠 나라역에서 도보 5분, JR 나라역에서 도보 20분. 경내 24시간 개방, 고후쿠칸 9:00~17:00, 성인 800엔.

도다이지(東大寺)

www.narashikanko.or.jp (한글지원) 거대한 청동 대불로 유명한 도다이지는 호류지와 함께 나라의 대표 사찰이다. 헤이안 시대 세워진 대표 사찰로, 청동 대불을 모신 다이부츠덴(大仏殿), 홋케도, 쇼소인, 호모쓰덴, 남대문 등으로 이루어져 있다. 다이부츠덴은 최대 규모의 목조건물로 높이 48미터 폭 57미터에 달한다. 카메라에 다 넣기도 힘들만큼 거대한 불전에 한번 놀라고, 높이 15미터 무게 380톤짜리 대불에 또 한번 놀라게 되는 곳이다. 외국 관광객은 물론이고 일본인들과 수학여행 온 학생들까지 가세해 늘 붐빈다.

* 킨테츠 나라역에서 도보 20분, 7:30~15:30, (계절에 따라 달라짐) 성인 600엔, 초등학생 300엔.

*** 교통**

리무진 : 간사이공항 리무진 → 킨테츠 나라역 : 1시간 25분 소요. 편도 성인 2,050엔, 어린이 1,030엔.

*** 숙박**

나라 숙박, 명소, 먹거리 정보는 www.narashikanko.or.jp/ko

호텔 선라우트나라(www.sunroutenara.co.jp) : 나라공원에 인접한 비즈니스 호텔로 다이호조인, 고후쿠지 등 주요 유적지와 가깝고 주변 환경이 뛰어나다.

호텔 닛코 나라(Hotel Nikko Nara www.nikkonara.jp) : JR 나라역과 연결된 호텔. 교통이 편리해 인기가 높다.

*** 먹거리**

킨테츠 나라역과 이어진 아케이드 상가에 식당가가 모여 있다.

츠키히테이(月日亭) : 킨테츠역 옆 나라경제구락부 2층에 위치한 음식점. 나라를 대표하는 츠키히테이 료칸에서 운영하는 맛깔스러운 음식점이다.

미요시야(三好屋) : 츠키히테이 옆에 위치한 일식집. 소바, 우동, 튀김, 초밥 등이 맛있다.

2 둘째 날

나라 → 요시노야마 킨푸센지 → 나라

이른 아침 상쾌하게 나라공원을 산책한 다음, 요시노야마로 향한다.
벚꽃이 많기로 유명한 일본에서도 벚꽃으로 가장 유명한 곳이다.
또한 불교 산악 신앙의 본산인 긴푸센지 등 볼거리가 많다.
산자락을 올라가야 하므로 운동화와 편안한 차림으로 나서자.

나라공원(奈良公園)

넓은 잔디밭을 평화롭게 다니는 사슴은 나라공원의 대표 이미지이다. 울타리도 없는 드넓은 공원에 사람들과 사슴이 함께 어울려 누구나 좋아하는 곳이다. 도다이지, 고후쿠지, 국립 나라박물관, 카스가타이샤(春日大社) 등을 아우르는 660헥타르의 거대한 역사문화공원으로 유적지와 박물관, 호수, 피크닉 공간까지 있어 사계절 많은 이들이 찾는다. 이곳의 사슴들은 옆에 다가와 친근감을 표하고 과감하게 사슴용 과자를 요구할 정도다. 공원과 도다이지 입구에서 사슴용 과자를 팔고 있다.

* 킨테츠 나라역에서 도보 10분, JR 나라역에서 도보 25분. 연중무휴, 24시간 개방.

요시노야마(吉野山)

www.yoshinoyama-kankou.com (한글지원)

일본에서도 가장 유명한 벚꽃 명소. 아스카 남쪽의 요시노야마에는 3만여 그루의 벚나무가 있으며 수종도 200종이 넘는다. 4월 초순부터 말까지 산의 아래부터 벚꽃이 만개해 한 달 동안 온 산이 은은한 분홍빛으로 뒤덮는 풍경이 장관이다. 산 중턱의 상점가가 있는 작은 마을은 이맘때면 사람들로 인산인해를 이룬다. 밤이면 벚꽃을 즐기는 라이트업이 시작되어 또 다른 풍경이 연출된다. 초여름이면 수국이 수를 놓고 가을의 단풍도 절경이다. 긴푸센지, 요시노 신궁 등 세계문화유산과 명소도 여럿 있다.

* 요시노역에서 도보 30분, 케이블카(3분)에서 내려 도보 10분. 연중무휴 24시간 개방.

킨푸센지(金峯山寺)

고야산, 구마노산 참배길과 함께 유네스코 문화유산으로 지정된 곳. 8세기 무렵 지어진 절로, 일본 고대의 산악신앙에 불교와 도교가 가미된 슈겐도(修験道)의 본사이다. 본당인 자오도(藏王堂)는 도다이지의 다이부츠덴 다음으로 큰 목조 건물이라고 한다. 본전에 모신 목조 인왕입상은 파란 얼굴의 불상으로 유명하다.

* 로프웨이 요시노야마역에서 도보 10분. 7:00~16:30, 연중무휴, 성인 500엔.

*** 교통**

나라 → 요시노 : 킨테츠 나라역 → 요시노역 : 킨테츠 기차로 1시간 40분 소요. 야마토사이다이지(大和西大寺), 카시하라진구마에(橿原神宮前)에서 요시노 방면으로 2회 환승해야 한다.

[요시노야마]
산 아래에서부터 정상으로 이어지는 길에 사찰과 신사, 상점가, 벚꽃 전망대 등이 있다. 시간의 여유가 있다면 기차역 입구에서부터 천천히 언덕을 오르며 주요 명소를 둘러본다. 물론 등산하듯 마음의 준비가 필요하다. 케이블카, 버스 등을 이용해 짧은 시간에 돌아볼 수도 있다.

케이블카 : 요시노의 센본구치역(千本口)에서 3분 소요(편도 350엔, 왕복 600엔). 요시노야마역에 내린다.

버스 : 요시노진구(吉野神宮)에서 오쿠센봉구치(奥千本口)까지 20분 소요. 킨푸센지, 킨푸신사, 치쿠린 등 주요 명소 앞에 선다. 운행 시간표는 계절과 요일에 따라 달라 꼭 확인해야 한다. 12시 점심시간에는 운행하지 않고, 오후 5시 전에 운행을마감한다.

3 셋째 날

나라 → 아스카 → 간사이공항

일본 사람들에게 아스카는 마음의 고향과 같은 곳이다. 지금은 한적한 시골이지만, 6세기에서 8세기 초까지 100여 년간 최초 국가 형태의 왕국이 있던 곳이다. 또한 백제의 지형과 흡사해 많은 백제인이 정착하여 선진 문명을 전해준 곳이라 우리에게는 좀더 각별하다. 사찰과 궁궐터, 권력자의 무덤 등 여러 유적이 한적한 시골을 배경으로 잘 가꿔져 있어 역사 여행지로 최고이다.

다카마츠쓰카 고분(高松塚古墳)

국립 아스카역사공원 동쪽 800여 미터 언덕에 아담한 고분이 있다. 1972년 발굴 당시 석실에서 고구려 고분벽화와 비슷한 사신도와 별자리 벽화가 발견되면서 큰 주목을 받았다. 고분 양식도 중국, 우리나라 양식과 비슷해 아스카 왕국과의 문화적 연결고리를 보여주는 유적으로도 큰 의미를 지니고 있다. 크기는 백제 고분과 비슷하며 주변은 공원으로 아름답게 정비해 놓아 천천히 둘러보기 좋다. 내부는 관람할 수 없지만 전시관에 고분의 내부를 그대로 재현해 놓았다. 고분의 주인은 8세기 초 높은 신분의 인물로 추정하고 있다.

* 아스카역에서 도보15분. 연중무휴 24시간 개방. 고분 전시관 9:00~17:00, 성인 250엔, 대학생 130엔, 중학생 70엔.

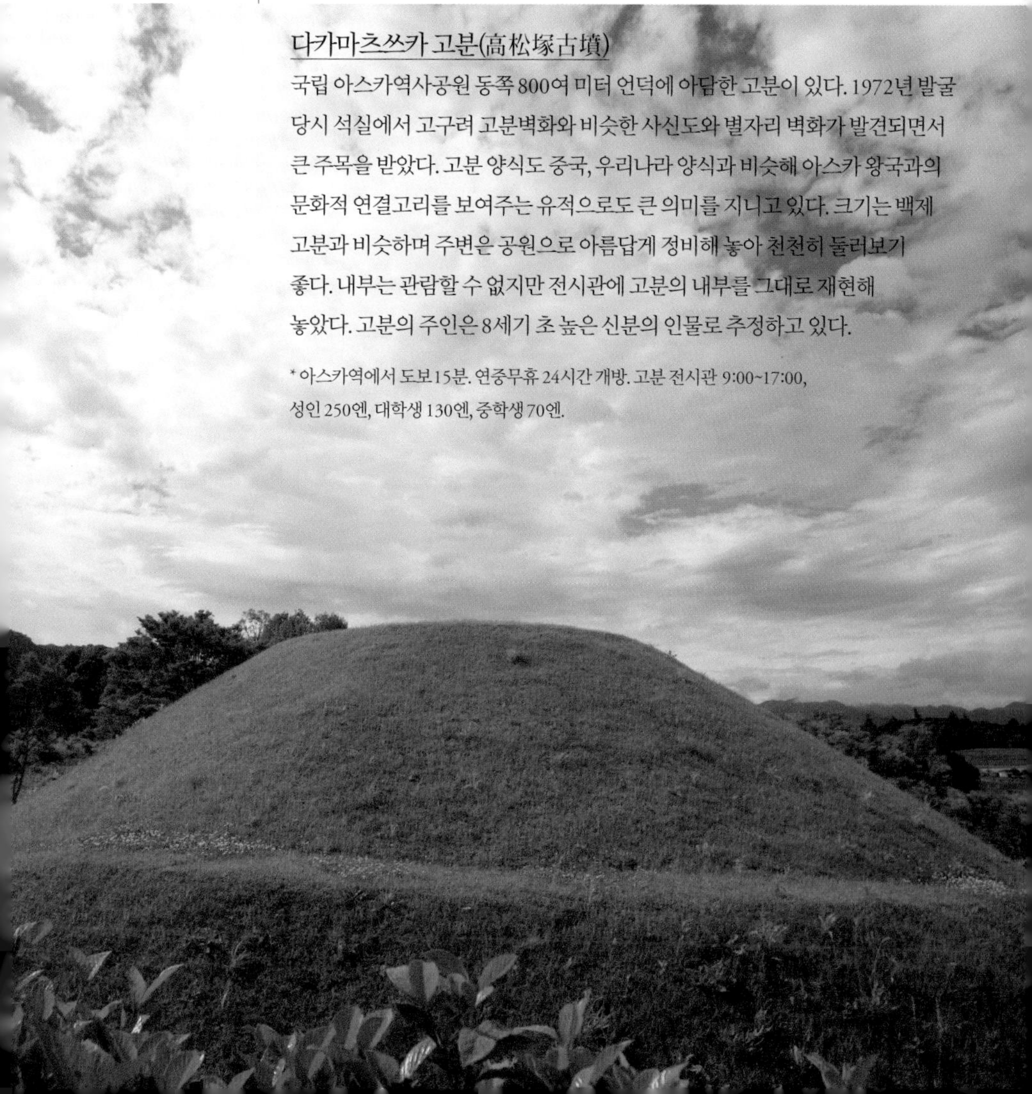

다치바나데라(橘寺)

쇼토쿠 태자가 태어난 궁터에 쇼토쿠 태자가 지은 절로, 일본 역사에서는 중요한 사찰이다. 한자로는 귤사(橘寺)인데, 뒷산에 귤나무가 많아 그렇게 불린다고 한다. 당시 큰 규모의 중심 사찰이었으나 16세기 전국시대에 불타고 19세기 다시 지어졌다. 쇼토쿠 태자상을 본존으로 모신 태자전이 중심 건물인데, 태자상은 무로마치 시대 목조상으로 중요 유적이다. 경내에는 거북이, 원숭이 같은 동물 모양의 돌을 비롯하여 쇼토쿠 태자가 이용했다는 천마 동상 등이 남아 있다. 이곳으로 가는 길은 우리나라 시골과 비슷해 정겹게 느껴진다.

* 아스카역에서 도보 35분, 버스로 다치바나데라마에 하차 도보 2분. 연중무휴, 9:00~17:00, 성인 350엔, 고등학생 300엔, 중학생 150엔.

이타부키 궁터(伝板蓋宮跡)

아스카 평원에서 발굴된 궁궐터. 642년에 즉위한 고쿄쿠 왕의 궁전으로 알려져 있다. 기와가 아닌 나무 판자 지붕이 발굴되어 이타부키라고 한다. 용수공사를 하던 중 토기가 나와 대대적인 발굴 조사를 시작하였고, 현재도 작업이 진행 중이다. 아스카에는 여러 궁궐터가 남아있는데, 왕이 즉위하면 그가 살던 곳이 궁궐이 되었기 때문이라고 한다.

* 아스카역에서 도보 50분. 버스 덴아스카이타부키 하차, 도보 5분. 연중 무휴 24시간 개방, 무료.

아스카데라(飛鳥寺)

이타부키 궁터 인근의 아스카데라는 일본에서 가장 오래된 사찰이다. 역사에 기록된 최초의 사찰로, 일본 불교의 시작을 알리는 곳이기도 하다. 606년 창건 당시 거찰이었지만 지금은 금당과 종루, 몇몇 건물이 남은 소담한 절이 되었다. 일본서기에는 아스카데라의 창건 당시 일이 자세히 기록되어 있는데, 백제에서 파견한 기술자에 의해 건립되었다고 한다. 탑을 중심으로 세 개의 금당이 배치된 양식으로, 이는 고구려 양식이다. 쇼토쿠 태자의 스승이 된 고구려 승려 혜자가 오면서 백제식의 1탑 1금당이 그렇게 바뀌었다고 한다. 나라로 천도하면서 많은 건물을 옮겨가면서 작은 사찰로 남게 되었지만, 그 역사적 의미는 무엇보다 크다. 당시 조성된 아스카 청동 대불이 남아있다.

* 아스카역에서 도보 약 1시간, 버스는 아스카테라 하차. 7:00~22:00, 목요일 휴관. 성인 350엔, 중학생 250엔, 초등생 200엔.

*** 교통**

킨테츠 나라역 → 킨테츠 아스카(飛鳥)역 : 킨테츠 기차로 59분 소요, 특급 43분. 단, 야마토사이다이지(大和西大寺), 카시하라진구마에(橿原神宮前)에서 아스카 방면으로 2회 환승해야 한다.

아스카 → 나라 → 간사이공항 : 킨테츠 나라역에서 리무진 버스, 혹은 킨텐츠 난바역으로 이동, 공항선을 탄다.

*** 살거리**

[나라] **타비지(TABI-JI) :** 독특한 모양과 색상의 신발 가게. 이곳 신발을 사기 위해 오는 사람이 있을 정도로 인기이다. 킨테츠역에서 고후쿠지 방향으로 500여 미터에 있다.

15

효고현 고베, 아리마온천 # 다카라즈카

혼자 떠나도 좋은 낭만 주말 여행

19세기 말 개항 이후 '일본 속의 유럽'으로 불리며 발전한 고베. 오사카와 가까워 하루 여행지로 많이 찾지만, 고베항, 롯코산, 아리마온천 등 볼거리가 다양하다. 무엇보다 커피와 달콤한 디저트, 와규 스테이크 등 일본 내에서도 첫 손에 꼽히는 미각여행지여서 오사카에서 스치듯 지나가기에는 너무 아쉬운 곳이다.
롯코산(六甲山931m)과 바다 사이 좁고 긴 평지에 도시가 형성되어 있어 부산과도 많이 닮은 고베항의 해안가 야경은 고베 여행의 하이라이트이다.천만 불짜리라 불리는 야경을 보고, 세련된 서양식 건물들이 늘어선 산노미야로 가보자. 기타노로 이어지는 언덕길에는 감미로운 커피와 달콤한 케이크, 푸딩 가게와 이국적인 잡화점, 100년이 넘은 양식목조주택에 들어선 스타벅스, 은은한 연둣빛 외벽이 눈길을 끄는 연두색의 집, 풍향계의 집, 영국관 등 이채로운 풍경이 가득하다. 혼자여도 행복한 시간, 향긋한 커피가 고베의 시간을 낭만으로 채워줄 것이다. 그리고 아리마온천에서 느긋하게 온천을 즐겨 보자.

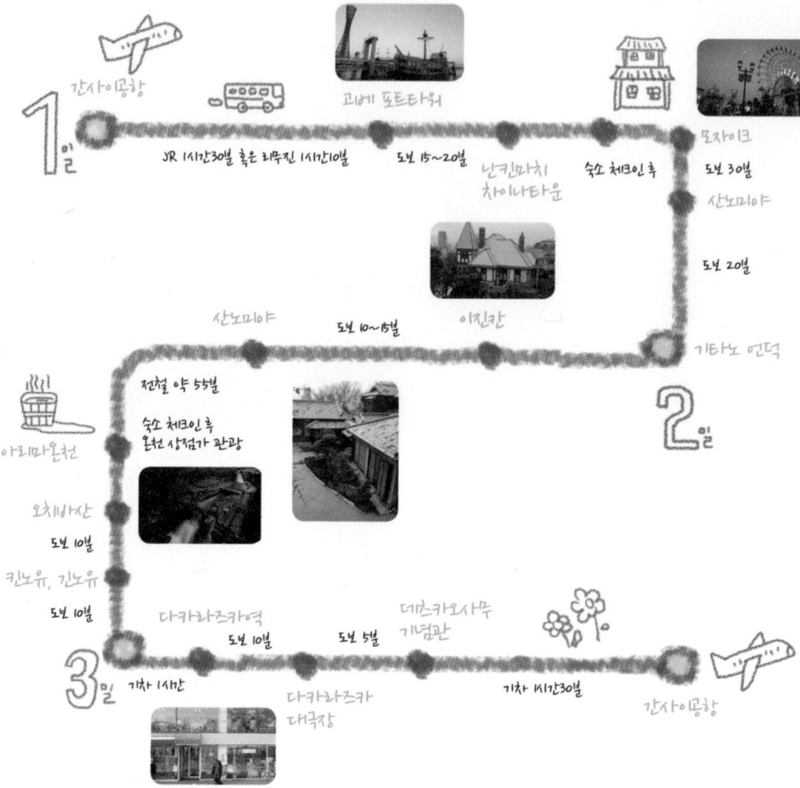

*** 2박 3일 추천 일정**	간사이공항(IN) – 고베(1박) – 아리마온천(1박) – 다카라즈카 – 간사이공항(OUT)
*** 추천 시기**	사계절 어느 때도 좋다. 덥고 습한 여름에도 큰 불편은 없다. 다만, 벚꽃이 피는 4월 초와 휴일이 이어지는 5월 초, 단풍철인 11월 중순은 몹시 복잡하므로 미리 숙소를 예약해야 한다.
*** 교통**	**간사이공항 → 고베 산노미야 :** 리무진 버스로 약 65분 소요. 편도 2,200엔 왕복 3,200엔 피치항공이 서는 제2터미널에서 바로 연결되는 버스정류장이 있어 편리하며, 1시간에 2대 정도 있다. **버스 시간표 :** www.kate.co.jp/pc/time_table/kobe.html 참고 **간사이 스루패스:** www.surutto.com/tickets/kansai_thru_korea.html 고베와 아리마 지역에서 유용하다. 간사이 지방 민영철도 지하철, 버스를 자유롭게 이용할 수 있는 2일권(4,380엔), 3일권(5,400엔)이 있다. 간사이공항과 오사카 주요 방문자센터와 관광안내소에서 구입.

*** 여행 정보**

고베 : www.feel-kobe.jp (한글지원) 고베웰컴쿠폰은 여러 전시관과 미술관 베이크루즈, 포트타워 등에서 할인 받을 수 있어 유용하다.

아리마온천 : www.visit.arima-onsen.com/kr (한글지원) 아리마 버스 정류장 옆 관광안내소에서 한글 지도와 안내 팸플릿을 얻을 수 있다. 교통편이나 료칸, 호텔 등의 예약도 대행해 준다.

*** 교통편**

간사이공항 → 고베

리무진 버스 : 6번 버스 승강장 → 산노미야 버스터미널. 1시간 10분 소요. 2,200엔, 어린이 1,100엔

JR : 간사이공항 → 오사카 → 고베 산노미야. 1시간 30분 소요.

고베 시내 : ① **버스 + 지하철 :** 1일패스 1,040엔

② **시티루프버스 :** 고베 주요 관광지를 돈다. 1일 승차권 700엔

③ **아리마·롯코 주유패스 :** 롯코산의 케이블카 승차권과 아리마온천, 킨노유, 긴노유 입욕권이 세트로 구성. 2,560엔

*** 숙박**

아리마온천은 고급 료칸과 체인호텔, 리조트 타입 호텔 등 다양한 숙박시설이 있고, 조금 비싼 편이다. 고베의 경우 고베항과 산노미야 근처에 호텔이 많으며, 오사카에 비해 조금 저렴한 편이다.

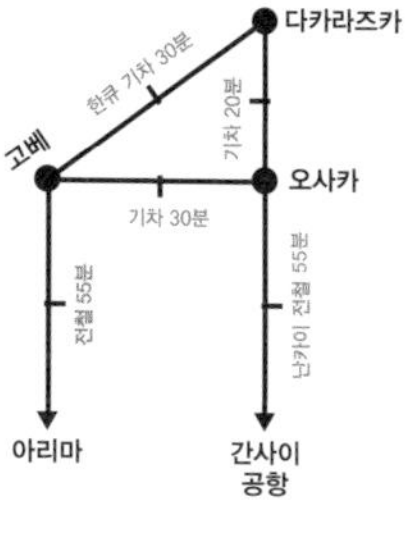

1 첫째 날

간사이공항 → 고베 메리켄 파크, 포트 타워, 난킨마치

150만 명이 거주하는 일본 6대 도시인 고베는 1867년 개항하면서 서양 문물이 일찍 들어온 곳이다. 중심인 산노미야는 세련된 도시 분위기이며, 오래된 카페와 각종 빵과 디저트, 와규 스테이크 등이 유명해 미각 여행지로도 인기이다. 서양인들이 모여 살던 언덕인 기타노의 이국적이며 낭만적인 골목과 거리, 야경이 아름다운 고베항과 차이나타운, 양떼 목장과 사계절 풍광이 아름다운 롯코산이 주요 여행 포인트이다. 오후에 고베에 도착했다면 차이나타운을 둘러보고 고베항의 메리켄파크, 포트타워에서 야경을 보며 여행 첫날을 마무리하는 것도 좋다.

메리켄 파크(メリケンパーク)

바다를 매립하여 조성한 메리켄 파크는 고베의 새로운 명소이다. 넓은 공원과 개성있는 조각품, 해양박물관, 콜럼버스의 신대륙 탐험호였던 산타마리아호를 그대로 재현해 두어 데이트 코스나 가족 나들이 코스로 인기 있다. 멋진 배를 타고 고베 베이 크루즈를 할 수도 있다. 밤이면 고베의 화려한 야경을 볼 수 있어 더욱 낭만적이다.

* JR 모토마치역에서 도보 15분, 시티 루프버스 나카돗대 하차 도보 5분. 연중무휴.

고베 포트 타워(神戸ポートタワー)

www.kobe-meriken.or.jp/port-tower:

원자력 발전소를 연상시키는 독특한 모양의 포트 타워는 항구 도시 고베의 랜드마크이다. 108미터 전망타워는 낭만적인 해안풍경과 고베 야경을 감상하기에 최적의 곳. 바닥이 360도 회전하는 카페, 사계절의 별자리를 감상할 수 있는 전망대 등이 있다.

* JR 모토마치역에서 도보 15분. 시티 루프버스 나카돗대 하차 도보 1분. 3~11월 9:00~21:00, 12~2월 9:00~19:00. 성인 700엔, 연중무휴.

난킨마치(南京町)

간사이 최대의 차이나타운으로, 고베항이 개항하면서 형성되었다. 입구에 장안문이 서있고, 중국의 거리를 잘 재현해 놓은 중심 광장에는 정자도 서 있는 등 화려한 중국풍 인테리어가 분위기를 돋운다. 중국 요리, 만두, 국수 등 다양한 식당과 상점이 즐비하다.

* JR모토마치역 혹은 한신 모토마치역에서 도보 3분. 또는 카이간선 다이마루마에 하차. 시티루프 버스 난킨마치 하차.

모자이크(モザイク)

www.kpbe-mosaic.co.jp: 포트타워 건너편에 있는 대형 쇼핑몰. 의류와 잡화, 액세서리, 세련된 생활용품을 판매하는 곳으로 산노미야 주변 상점가와 더불어 가장 활기찬 쇼핑공간이다. 또한 음식점과 카페, 그리고 인접한 놀이공원이 있어 낭만적인 바다를 바라보며 고베의 명물 와규 요리를 먹을 수 있다. 또 일몰을 보며 차를 즐길 수 있는 카페도 있어 고베를 만끽하기에 좋다.

* JR 모토마치역에서 도보 15분. 시티 루프버스 모자이크마에 하차 도보 1분.

*** 숙박**

www.feel-kobe.jp/ko (한글지원) 고베 숙소, 명소, 먹거리, 온천 등 다양한 정보 제공.체인호텔과 고급 료칸, 비즈니스호텔, 유스호스텔 등 다양한 숙박시설이 있다. 오사카에 비해 가격대비 시설과 서비스가 뛰어나다.

고베 오리엔탈 호텔(www.orientalhotel.jp) : 야경이 아름다운 항구지역에 위치한 특급호텔. 객실뷰와 전망, 음식 등 가격대비 매우 좋다.

고베 오쿠라 호텔(www.anacrowneplaza-kobe.jp) : 신칸센이 정차하는 신고베역 바로 앞에 위치해 있다. 뛰어난 전망과 청결한 객실, 교통이 편리한 점이 가장 좋다.

*** 먹거리**

고베는 오사카와 더불어 일본의 주방으로 불릴 정도로 먹거리가 풍부하다. 키타노 지역에는 개성이 넘치는 음식점과 카페 등이 즐비하며 일본 최고의 소고기 요리를 제공하는 레스토랑부터 간단한 면류를 파는 곳이 수천 곳에 달한다.

레스토랑 콘첼트 :

크루즈 유람선 레스토랑. 낭만적인 고베 항구와 주변 해상을 크루징하면서 음식을 즐길 수 있는 곳으로 인기가 높다. 일본요리, 철판구이, 중화요리 등이 있으며, 예약하는 것이 좋다.

레스토랑 왓코쿠 :

와규 레스토랑으로 고베 시내에 두 곳의 지점이 있다. 최상급 와규로 가격이 비싼 것을 제외한 나머지는 만족도 최고이다.

요시미쓰 고베비프 스테이크 :

일본 최대 축산유통회사에서 운영하는 소고기 전문요리점. 철판구이 스테이크, 쇠고기 육회, 스키야키 등 다양한 요리를 즐길 수 있다.

2 둘째 날

기타노의 이진칸, 산노미야 → 아리마온천

오전에 외국인들이 살던 기타노의 이진칸을 둘러보고 전철 혹은 버스를 타고 아리마온천으로 이동한다. 일본 3대 온천으로 꼽히는 아리마는 롯코산 아래 자리한 아담한 마을로 온천 외 유서 깊은 사찰과 신사, 개성있는 카페와 박물관, 소박한 미술관 등이 골목을 따라 자리하고 있다. 넓지는 않지만 볼거리가 많은 만큼 미리 순서를 정해 둘러보는 것이 효과적이다.

기타노(北野) 지역

www.ijinkan.net : 동서양의 문화가 공존하는 고베의 이색적인 풍경을 보여주는 곳. 잘 가꾸어진 가로수를 따라 언덕을 오르면 아기자기한 주택이 모여 있는 풍경이 마치 샌프란시스코 일부를 옮겨온 듯하다. 고베항이 내려다보이는 이곳에 1867년부터 외국인이 거주하던 지역으로, 약 200여 채의 서양 주택이 남아 있다. 현재도 다양한 국적의 주인들이 카페, 레스토랑, 숍들을 운영하고 있는데, 서양인들이 살던 집이라는 뜻의 이진칸(異人館)들은 전시관이나 레스토랑 등으로 유료 개방하고 있는 곳이 19채 있다. 네덜란드 총영사의 집이었던 오란다관, 덴마크 도자기와 바이킹, 안데르센과 인어공주 등의 전시물을 소개한 덴마크관, 모차르트를 비롯한 오스트리아 자랑거리를 전시한 오스트리아의 집, 미술관으로 운영되는 이탈리아관 등을 둘러보려면 이진칸 통합권을 구입하는 것이 좋다.

* 산노미야역에서 도보 10~15분.
시티 루프 버스로 기타노 이진칸 하차.

산노미야(三宮)

계절마다 아름다운 꽃으로 단장하는 산노미야 지역은 고베의 관문이자 중심지이다. 20세기 초의 고풍스러운 서양건축과 현대적인 건물이 조화를 이룬 산노미야는 고급 부티크 매장과 명품숍, 각종 쇼핑몰이 있는 상업지역인 동시에 시립박물관 및 고베 화교역사박물관 등 다양한 문화공간이 자리한 고베의 중심지이다.
기타노 지역이나 고베항, 아리마 온천 등을 가기 위해서는 반드시 들러야 하는 교통 중심지이다.

* JR 산노미야역에서 도보 3분.

오치바산(落葉山)

아리마온천 마을이 한눈에 들어오는 곳. 산책로와 계단이 잘 정비되어 있어 마을에서 20분이면 정상에 오를 수 있다. 봄, 가을에 오르면 아리마온천과 주변 풍광이 특히 아름답다. 정상에는 작은 절이 있어 이른 아침 신선한 공기를 마시며 산책하거나, 한적한 시간에 천천히 오르기에도 좋다.

덴진센겐(天神泉源)

아리마온천은 다양한 성분과 온도를 지닌 원천수가 많다는 것이 자랑이다. 그중에서도 가장 오래된 고쇼센겐(御所泉源), 다양한 성분이 포함된 고쿠라쿠센겐(極樂泉源), 그리고 일본 3대 명원천수로 알려진 덴진센겐(天神泉源)이 유명하다. 마을 상점가 가운데 위치해 있어 상점가를 돌다보면 만나게 된다. 온천 마을에서 원천을 구경하는 것도 재미있는데, 아리마의 원천수는 섭씨 18도부터 92도에 이르기까지 다양하다. 피부염, 관절염, 비염, 건선, 피로회복, 관절염, 근육통, 심장질환 등 효능도 뛰어나다.

킨노유(金の湯)

황금 온천이란 뜻으로, 아리마를 대표하는 온천탕이다. 시에서 운영하는 공동탕으로, 온천수가 황토빛이어서 킨노유라 불린다. 온천 후 흰수건으로 몸을 닦으면 누렇게 묻어날 정도이다. 섭씨 82도가 넘는 원천수에 차가운 물을 섞어 사용하는데, 철과 염화물질이 다량으로 함유되어 있어 관절염, 신경통에 좋다.

* 마을 중심에서 도보 5분내.
장난감박물관 맞은편. 8:00~22:00,
2·4주 화요일 휴무. 성인 650엔, 어린이 340엔.

긴노유(銀の湯)

은빛 온천수라는 뜻으로, 킨노유와 더불어 아리마를 대표하는 공동탕이다. 킨노유가 황토빛인데 비해 맑은 온천수여서 긴노유라 한다. 긴노유는 섭씨 18도의 이산화탄소가 많이 포함된 온천수와 라듐의 비율이 높은 29도의 라듐온천으로 구분되어 있다. 이산화탄소와 라듐이 다량으로 포함된 긴노유 온천은 수족냉증, 근육통, 오십견 등에 효능이 있다.

* 마을 끝자락에 위치, 도보 15분내. 9:00~21:00, 1, 3주 화요일 휴무. 성인 550엔, 어린이 290엔

고쿠라쿠지(極樂寺)

긴노유 근처에 있는 고찰. 594년 쇼토쿠 태자(聖德太自)가 창건한 절로, 지금의 절은 복원한 건물이라 고풍스럽지는 않지만 온천을 한 후 주변의 온센지(溫泉寺)와 함께 산책하며 둘러보기에 좋다.

* 마을 중심에서 도보 10분. 연중무휴, 외관 24시간 개방.

다이코노유도노관(太閤の湯殿館)

아리마온천의 역사와 온천에 관한 자료를 전시해놓은 곳이다. 원래 온천이 있던 곳으로 2층짜리 건물은 토요토미 히데요시가 지었다고 한다. 화재로 소실된 후 복원한 건물로, 옛 아리마 유적에서 나온 유물과 옛 온천터, 토요토미 히데요시의 초상과 친필 서예 등이 전시되어 있다.

*** 교통**

기차 : 한큐 산노미야역–타니가미(谷上)역– 아리마구치(有馬口)역 – 아리마온천. 약 40분 소요.

버스 : 산노미야역에서 JR버스 30분 820엔, 한큐버스로 50분 690엔

*** 숙박**

www.visit.arima-onsen.com/kr (한글지원) 아리마 숙소, 먹거리, 온천, 명소 정보 제공.

고급 료칸, 호텔 등 다양한 숙소가 있고, 모두 친절하고 맛깔스러운 음식을 제공하지만 가격이 높다.

다카야마소 하나노(高山莊 華野, www.arima-hanano.com) : 극진한 서비스를 제공하는 고급 료칸. 진정한 온천 료칸을 느낄 수 있다.

호텔 하나코야도(ホテル花小宿, www.yado-resort.com/kasai/hanakoyado (한글지원) : 아리마 지역에 최초로 외국인을 위한 전용 호텔로 설립된 숙소. 아담한 정원과 푸근함을 느끼게 해주는 객실과 더불어 맛깔스러운 음식을 제공한다.

*** 먹거리**

구츠로기야(くつろぎ家) : 생선, 소고기 요리 등이 있고, 가격대비 뛰어난 맛과 편안한 분위기로 인기가 높다.

도미타(味処 とみ田) : 상점가의 음식점. 돈가스와 밥 종류를 파는데, 가격대비 맛이 뛰어나다.

도센 고쇼보(陶泉御所坊, goshoboh.com) : 최고급 료칸에서 운영하는 음식점. 음식도 맛있고 케이크, 커피 등 후식도 유명하다.

3 셋째 날

아리마온천 → 다카라즈카 → 간사이공항

아침 온천과 식사를 한 다음 일본 여성 가극단의 성지이자 아톰이 탄생한 다카라즈카로 간다. 데즈카 오사무 기념관과 시내를 돌아본 후 간사이공항으로 이동한다.

다카라즈카 대극장(宝塚大劇場)

kageki.hankyu.co.jp/theater/tbhall.html :
아리마온천과 간사이공항 사이에 위치한 소도시 다카라즈카는 일본의 여성 가극단 다카라즈카가 시작된 곳이다. 엄격하게 교육받은 미혼 여성 배우들로만 이루어진 가극단은 110년의 전통을 자랑하며, 일본만의 독특한 문화이다. 현재 배우들을 교육하는 학교와 전용 대극장이 다카라즈카에 있다. 화려한 무대와 의상, 남성역도 훌륭하게 해내는 여배우들의 공연을 보기 위해 매년 수십 만 명이 이곳을 찾는다.

* JR 다카라즈카역과 한큐선 다카라즈카 미나미구치역에서 도보로 10분.

데즈카 오사무 기념관(手塚治虫記念館)

www.hyogo-tourism.jp/korea/spot/55_tezukaosamu.html) : 아톰의 아버지로 불리는 만화가 데즈카 오사무를 기념하여 세운 기념관으로,《작가, 데즈카 오사무》와 《다카라즈카와 데즈카 오사무》를 테마로 꾸몄다. 모두 336점에 달하는 만화와 애니메이션 작품 등이 전시되어 있어 많은 만화팬들이 찾는다. 의사출신인 데즈카 오사무는 "자연에의 사랑과 생명의 고귀함"이란 테마의 작품으로 일본 애니메이션의 거장들에게 커다란 영향을 미쳤다. 최초의 만화영화, 텔레비전 시리즈물을 만드는 등 오늘날 만화왕국 일본을 만들었다고도 할 수 있다.

* 9:30~17:00, 매주 수요일 휴관.
성인 700엔, 중고생 300엔, 초등생 100엔.

*** 교통**

① 간사이공항 → 고베
간사이공항역 → 오사카 경유 고베로 매시간 4~6대 기차가 출발하며, 80~90분이 소요된다. 간사이공항, 고베, 아리마, 다카라즈카 코스는 JR기차 외 사철이나 버스를 이용해야 한다. 따라서 JR를 제외한 사철과 시외버스, 시내버스를 이용할 수 있는 간사이 스루패스가 효과적이다.
간사이공항 버스 : www.kate.co.jp
② 고베 → 아리마온천 : 산노미야 버스터미널에서 아리마온천까지 50분 소요된다. 한큐 전철 + 고베 전철, 한신 전철 + 고베 전철을 환승해서 가면 50~55분 소요된다. 통학하는 학생들, 장보러 나온 주부 등 다양한 일본인들을 만날 수 있어 전철편이 재미있다.
③ 아리마온천 → 다카라즈카 → 간사이공항
고베전철로 아리마구치까지 이동한 후 다카라즈카행 기차. 50~60분 소요. 다카라즈카에서 간사이공항까지는 사철과 JR 이용, 1시간 30분~1시간 40분 소요된다.

*** 살거리**

모자이크(モザイク) : 고베항의 복합쇼핑몰. 의류, 신발, 액세서리 잡화점과 음식점 등이 있다. 상점은 대부분 11:00~20:00.

브로칸트티트 : 고베의 시모야마테 거리에 있는 상점. 단독 주택의 아담한 잡화점으로 고풍스러운 분위기의 액세서리 등을 취급한다.

SUBARU
SUBARU

16

#도쿄도 도쿄

늘 새롭고 쿨한 도시 도쿄 여행

늘 변화하는 도시, 살아있는 도시 도쿄. 인근 위성도시까지 2천만 명이 사는 거대도시이자 세계적인 대도시이다. 24시간 잠들지 않는 트렌디한 도시이자 에도시대의 유적이 있는 전통의 도시이며 세계적 수준의 박물관과 미술관이 있는 문화도시이다. 일본에서 가장 자주 가는 곳이지만, 갈 때마다 새롭고 재미있는 것을 만날 수 있다. 3박 4일 일정으로 도쿄를 다 돌아보는 것은 불가능하지만, 주요 명소나 최신 트렌드 위주의 핫플레이스, 미술, 건축, 맛집 등의 테마를 정해 돌아보자.

***3박 4일 추천 일정** 나리타공항(IN) – 도쿄(3박) – 나리타공항(OUT)

***추천 시기** 서울보다 위도가 낮아 겨울은 따뜻한 편이고 여름은 습도가 높다. 도심 여행이라 사계절 어느 때라도 좋다. 4월 초는 화려한 벚꽃이 피고, 5월 중순에는 간다 마츠리가, 11월 중순에는 단풍 거리가 좋다.

***교통** 전반적인 물가는 서울보다 조금 비싼 편이다. 특히 교통비가 비싸기 때문에 여행자를 위한 다양한 1일권 교통 패스를 잘 활용하면 보다 알뜰하게 여행할 수 있다.

[시내 교통 1일 패스]

유리카모메 1일권 : www.yurikamome.co.jp/ (한글지원)
신바시역에서 오다이바의 아리아케(有明) 12km 구간의 모노레일을 이용하는 티켓.
성인 190엔, 어린이 100엔, 1일권 성인 820엔, 어린이 410엔.

도쿄프리깃푸(東京フリーきっぷ) : www.jreast.co.jp/kr/pass/tokyo-free.html
시내는 물론 인근 23지역에서 운행하는 JR과 전철, 보통열차, 지하철, 도시 전차, 버스 등을 이용할 수 있다.
성인 1,590엔, 어린이 800엔.

도쿄시내패스 : 都区内パス, www.jreast.co.jp
도쿄 23구 내의 JR(쾌속 포함)의 자유석을 이용할 수 있다. 성인 760엔, 어린이 380엔.

도쿄메트로 1일 승차권 : www.tokyometro.jp/kr/index.html
JR 외 도쿄메트로 지하철을 이용할 수 있다. 성인 900엔, 어린이 450엔.

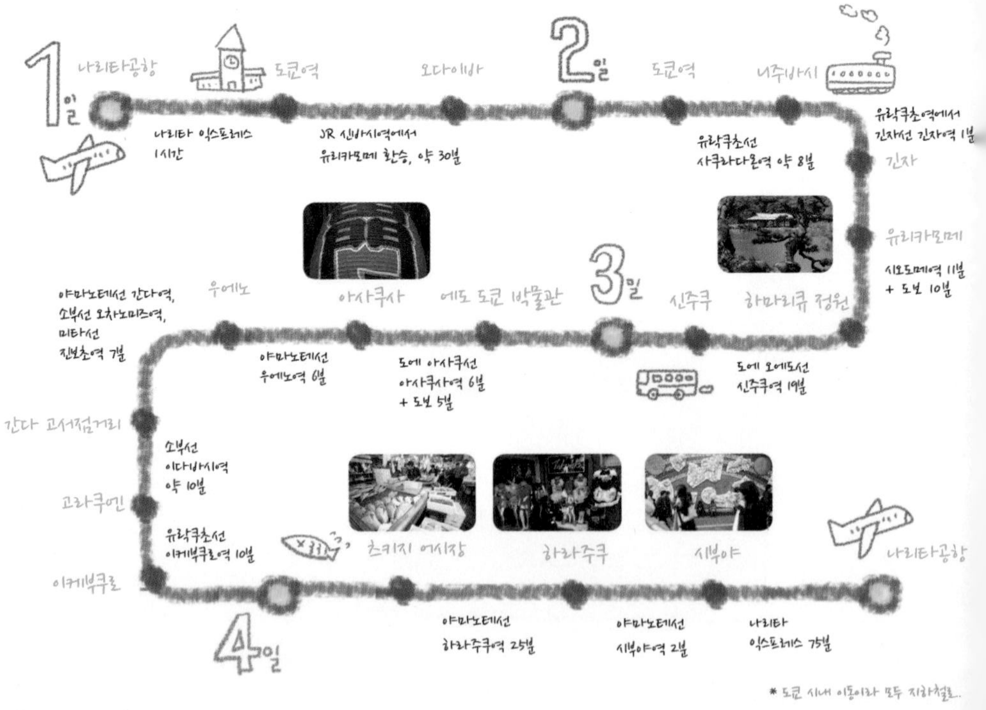

* 도쿄 시내 이동이라 모두 지하철로.

*** 여행 정보**

도쿄 : www.gotokyo.org/kr (한글지원)

[나리타 공항→ 시내]

① **나리타 익스프레스(N'EX) 패키지 :** www.jreast.co.jp/kr/suica- nex/index.html(한글 지원).

공항에서 도쿄역, 시나가와, 시부야, 신주쿠, 이케부쿠로 등을 환승 없이 바로 연결하는 특급이 나리타 익스프레스이다. 도쿄역까지 약 1시간 소요되는데 새벽, 심야시간대까지 있어 편리하다. 요금은 역에 따라 조금 다르다. 도쿄역 기준. 패키지로 왕복 5,000엔, 편도 일반석 3,070엔 왕복은 2주간 유효하며, 전 좌석 지정석으로 판매처에서 좌석을 예매한다.

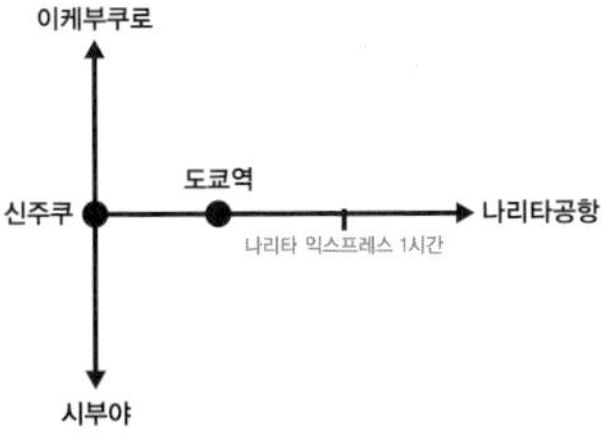

② **게이세이 스카이라이너 :** www.keisei.co.jp (한글지원)

나리타공항에서 닛포리역까지 연결되는 특급. 야마노테선과 연결되어 우에노 41분 소요되며 지정석제로 성인 2,310엔, 어린이 1,150엔. 1시간에 3대 운행되며 막차는 10시 30분. 스카이라이너 +패키지 도쿄메트로 1일권을 세트로 2,900엔에 철도승차권 창구에서 판매한다. 더 저렴한 것으로 게이세이 본선(전철)을 이용하는 방법이 있다. 우에노까지 41분 소요.

④ **리무진 :** www.limousinebus.co.jp (한글지원)

짐이 많다면 주요 호텔 입구에 정차하는 리무진 버스가 편하다. 시내에서 공항까지 3,100엔.

도쿄 시내와 공항을 운행하는 공항리무진 버스 정류장에서 티켓을 구입하는 모습.

⑤ **도쿄셔틀 :** 게이세이버스에서 운행하는 공항셔틀로, 나리타 공항에서 도쿄역까지 1,000엔으로 가장 저렴하다. 1~1시간 30분 소요되나 교통사정에 따라 다르다. 나리타공항 2터미널 2번 정류장에서 승차, 도쿄역 야예스 출구에서 하차.

[하네다공항 → 도쿄 하마마츠초]

① **Monorail과 게이세이 스카이라이너 :** 하네다 공항 국제선 빌딩~하마마츠초를 운행하는 도쿄 모노레일 소요시간 17분. 성인 490엔, 어린이 2540엔. 게이세이 스카이라이너로 시나가와까지 22분. 성인 330엔. 하마츠초에서 JR야마노테선으로 갈아타고 시내로 이동한다.

② **전철과 버스 :** 하네다공항 → 도쿄역 22분, 신주쿠 31분, 시부야 24분, 아사쿠사 36분.

하네다공항 전철 : www.haneda-toyo-access.com/kr, 버스 kr.hnd-bus.com (한글지원).

*** 숙박**

고급 호텔부터 비즈니스호텔, 레지던스, 게스트하우스 등 많은 숙박시설이 있지만 교통이 좋으면서 저렴한 곳은 많지 않다. 도쿄역, 신주쿠역, 우에노역, 시부야역, 이케부쿠로역, 시나가와역 주변에 호텔이 밀집되어 있고, 오다이바에는 고급 호텔이 많다. 일정을 정한 후 동선에 맞는 주요 역 근처에 호텔을 정하면 된다. 최근 도쿄 숙박비가 급상승했다. 각 온라인 예약 사이트의 가격을 비교해보고 예약하자.

1 첫 째 날

나리타공항 → 도쿄역 → 오다이바

보통 나리타나 하네다 공항에 도착하여 도쿄역이나 신주쿠 등의 숙소까지 찾아가면 오후가 된다. 호텔에 짐을 풀고 주변지역이나 야경이 아름다운 오다이바를 둘러보자.

오다이바(お台場)

www.tokyo-odaiba.net/ko (한글지원) : 1979년 도쿄만과 마주보는 오다이바 섬을 인공으로 매립해 조성한 곳으로, 도쿄의 새로운 명물이 되었다. 독특한 조형물이 있는 공원과 웅장한 건물, 고급 호텔, 쇼핑몰, 맛집까지 한 곳에서 즐길 수 있다. 자유의 여신상 앞에서 도쿄만 야경을 바라보면 정겨운 항구에 온 듯한 기분이 든다.

* JR 신바시역에서 유리카모메로 15분, 오다이바역에서 내린다. 성인 320엔

2 둘째 날

도쿄역 주변 → 니주바시 주변 → 긴자 → 하마리큐 정원 → 신주쿠

도쿄 최대 도심인 도쿄역과 왕궁으로 통하는 니주바시, 긴자 그리고 에도의 대표적인 정원인 하마리큐 정원 주변을 먼저 돌아본다. 이 루트는 짧은 시간에 경제대국으로 발전한 일본의 역동성과 고급 물건으로 가득한 상점가, 에도의 정원문화 등 일본의 저력을 느껴보기에 더 없이 좋다.

도쿄역(東京駅)

www.jreast.co.jp/kr : 네덜란드 암스테르담 중앙역을 모방하여 건축가 다츠노 긴고로가 설계하였다. 도쿄의 관문으로, 일본 왕이 사는 왕궁과 비즈니스 중심 마루노우치, 고급 쇼핑가 긴자, 에도 유적지와 연결된다. 붉은색 벽돌 건물로, 일본 근대 건축물을 상징한다. 서울역은 그의 제자가, 한국은행 본관 건물은 다츠노 긴고로가 설계하여 우리 눈에 꽤 익숙한 외관이다. 2차 대전 당시 파괴된 역사를 부분 복원하여 쓰다가 5년간 500억 엔의 예산으로 대대적인 복원 공사를 하여 2012년 새로 개관하였다. 팔각형 돔이 복원되어 수많은 사람들이 찾으면서 관광명소로 새롭게 떠오르고 있다.

* 나리타와 하네다공항, 전철과 지하철로 연결.

니주바시(二重橋)

일본 왕궁으로 들어가는 다리이다. 동그란 안경을 연상시키는 이 다리는 나무로 건설한 다리를 돌로 중첩시켜 놓아 니주바시라 불린다. 왕궁 출입은 엄격하게 제한하고 있으며, 왕궁의 성벽을 둘러싼 해자와 넓은 공원이 조성되어 있어 쉬어 갈 수 있다. 1924년 의열단원 김지섭 의사가 일본 왕을 제거하기 위하여 폭탄을 투척한 곳이기도 하다.

* 24시간 개방. 지하철 사쿠라다문역 3번 출구에서 도보 2분.

긴자(銀座)

에도 시대 때 화폐를 주조하던 곳이다. 1초메부터 8초메까지 이어진 긴자 거리의 중심은 4초메 와코 백화점 시계탑이며, 긴자도리를 중심으로 격자형으로 이루어진 명실상부한 세계적 쇼핑가이다. 도쿄 안에서도 특별한 곳으로, 세계적인 명품 브랜드와 오랜 노포가 어우러져 있고, 바쁜 듯 보이지만 어딘가 여유있고 세련된 우아함이 있다. 메이지유신 이후 근대 문명이 가장 빨리 들어온 곳으로, 빨간 벽돌의 근대 건축물과 소니 브랜드 타워 등 현대식 빌딩이 어우러져 있다.

* 지하철 긴자선, 히비야선 긴자역.

하마리큐 정원

www.gotokyo.org/kr/spot/20 도쿄의 빌딩에 둘러싸인 에도시대 전통정원이다. 특별명승지이자 특별사적으로 지정된 하마리큐 정원은 쇼군의 동생이자 재상이었던 마츠다이라 쓰나시게가 바닷물을 끌어와 연못을 조성하고 정원을 만들었다고 한다. 메이지 유신 이후에는 왕실 별궁으로 사용되다 1946년에 시민 공원으로 개방되었다. 도심 한가운데 있지만 바다와 가깝고, 연못 한가운데 위치한 찻집에서 말차와 전통 다과를 즐기며 정원을 만끽할 수 있어 좋다. 스미다강 하구의 수상버스 선착장과도 이어져 수상버스로 오다이바에 갈 수 있다.

* 도에이선 시오도메역, 유리카모메 시오도메역 하차 도보 7분, 긴자선 신바시역 하차 도보 12분. 9:00~17:00, 12월 29일~1월 1일까지 휴무. 성인 300엔, 초등생 무료.

신주쿠(新宿)

도쿄에서도 가장 번화한 곳. 시부야, 이케부쿠로와 함께 3대 부도심으로 유동인구가 많다. 여러 백화점과 초대형 전자제품 매장은 트렌드를 주도하고, 영화관, 음식점, 술집이 밀집해 밤문화를 대표하는 곳으로도 유명하다. 한편 도쿄도 청사와 오피스빌딩, 호텔, 그리고 공원이 있고, 도쿄 시내와 인근 여행지로 연결되는 교통편이 편리해서 여행자라면 누구나 한번쯤은 들르게 된다.

* JR, 지하철 히비야선. 신주쿠선, 치요타선, 도에이 오에도선 등이 정차한다.

3 셋째 날

에도 도쿄박물관 → 아사쿠사 → 우에노 → 간다 → 고라쿠엔 → 이케부쿠로

도쿄의 오랜 전통이 잘 남아있는 곳이자, 도쿄 사람들의 일상을 가까이서 접할 수 있어 마음이 푸근해지는 곳이다. 국립박물관과 우에노공원 등이 있는 우에노, 세계 최대 고서점가 간다, 그리고 고라쿠엔으로 이어지는 코스는 일본 역사와 문화의 저력, 그리고 도쿄 소시민들의 일상을 두루 살펴볼 수 있다.

에도 도쿄 박물관(江戸東京博物館)

www.edo-tokyo-museum.or.jp : 스미다 강변에 위치한, 에도시대 건물과 생활상을 재현해 놓은 박물관이다. 1960년대까지 약 400년 동안 정치와 문화의 중심이 되었던 에도 도쿄의 거리 모습과 생활 변천사를 정교한 축소모형으로 재현하고, 우키요에(판화 그림)와 지도 등의 실물 자료를 함께 전시하였다. 당시 사람들이 살던 에도와 근대 도쿄의 모습, 생활상을 자세하게 볼 수 있다.

* JR 소부선 료코쿠역 서쪽 출구에서 도보 3분, 지하철 오에도선 4A출구에서 도보 1분. JR야마노테선 3분, 9:30~17:30, 토요일 19:30. 매주 월요일 휴관. 성인 600엔, 대학생 480엔

센소지(浅草寺)

www.senso-ji.jp/ : 아사쿠사의 상징은 바로 센소지 정문의 커다란 가미나리몬(雷門)이다. 7세기 중엽 형제 어부가 바다에서 관음상을 발견한 것을 승려 쇼카이(勝海)가 이곳에 관음당을 짓고 모신 것이 시초라고 한다. 도쿄에서 가장 오래된 절로, 도쿠가와 이에야스가 에도 막부의 기원을 올리는 절로 지정하면서 융성하게 되었다. 매년 3,000만 명이 찾는 도쿄의 대표 사찰로, 가미나리몬, 본당, 5중탑, 천정벽화 등 볼거리가 많다.

* 긴자선 아사쿠사역 1번 출구 도보 5분.
6:30~17:00(4~9월 6:00~), 연중무휴. 관람료 없음.

우에노(上野)

화려한 신주쿠나 시부야와 달리 도쿄의 속을 여과 없이 볼 수 있는 흥미로운 거리이다. 1873년 일본 최초로 조성된 우에노 공원을 중심으로 국립서양미술관과 도쿄 국립박물관, 국립과학박물관, 콘서트홀, 갤러리, 동물원과 신사 등 문화예술공간과 흥미로운 공간이 가득하다. 또한 JR우에노역에서 오카치마치역까지의 육교 아래를 중심으로 400여 개의 점포가 늘어선 아메요코에는 해산물에서 의류, 말린 식재료, 화장품, 귀금속, 수입잡화 등 없는 것이 없다. 2차 세계대전 직후의 암시장으로 시작하여 현재는 저렴하면서도 다양한 물건을 사거나 다양한 간식과 음식을 먹을 수 있는 곳이다.

* JR 야마노테선 우에노역, 히비야선, 긴자선 우에노역. 공원과 주변 24시간 개방. 박물관, 미술관, 과학관은 개방시간이 다르다.

간다(神田)

작은 절인 간다 묘진에서 유래한 '간다'는 출판강국 일본을 상징하는 지역이다. 국제 규모의 출판사와 대학교가 있고, 헌책방과 고서점이 밀집하여 책 구경과 거리 구경을 하다보면 하루가 훌쩍 가버린다. 만화책만 파는 서점, 지도, 법률, 예술서적 등 각종 전문 서적만을 다루는 고서점들은 규모와 소장 자료에서도 세계 최고 수준이다. 도쿄 최대 축제인 간다 마츠리도 빼놓을 수 없다. 5월에 간다 묘진에서 시작되는 가마 마츠리로, 일본 3대 마츠리에 꼽힌다.

* JR야마노테선, 주오선, 소부본선 간다역에서 도보로 2~3분. 간다 묘진은 오차노미즈역, 고서점가는 진보초역에서 더 가깝다.

고라쿠엔(後楽園)

도쿄돔과 인접한 고라쿠엔은 에도 시대 대표 정원이다. 쇼군 도쿠가와 미쓰쿠니가 완공한 정원으로 중국풍을 모방하였다. 일본 3대 정원인 오카야마의 고라쿠엔과 구별하여 이시카와 고라쿠엔이라고 하는데, 도심 한가운데 한적한 여유를 즐기기에 좋다. 언제라도 좋은 쉼터 역할을 하지만 신록으로 가득한 봄과 흰색, 보라색 창포꽃이 피는 초여름이 가장 예쁘다. 억새 지붕을 얹은 집과 이른 봄의 매화나무가 늘어선 숲에서 정원의 참맛을 즐길 수 있다. 국가특별사적지이자 명승지이다.

* 오에도선 이다바시역에서 도보 2분, 지하철 마루노우치선 고라쿠엔역에서 도보 5분, 연중무휴, 9:00~17:00. 성인 300엔, 어린이 150엔.

이케부쿠로(池袋)

신주쿠와 비슷한 젊음의 거리로, 선샤인 시티, 세이부, 로프트, 파르코 백화점을 중심으로 빅 카메라 본점, 도요타 자동차 쇼 등 수많은 상점과 음식점 등이 밀집한 상업지역이다. 100만 명이 넘는 유동인구를 자랑하는 이케부쿠로역 주변에는 대형백화점과 쇼핑몰이 모여 있고, 릿쿄대학을 비롯 대학가가 형성되어 있어 젊은이들이 많이 찾는다.

* JR 야마노테선, JR 사이쿄선, JR 쇼난신주쿠선, 지하철 도부도조선, 세이부 이케부쿠로선 등이 운행된다.

4 넷 째 날

츠키지 어시장 → 하라주쿠 → 시부야 → 나리타공항

이른 새벽에 츠키지 어시장을 구경하고 인근에서 아침을 먹는다.
하라주쿠, 시부야를 둘러보고 공항으로 이동한다.

츠키지 시장(築地市場)

300년 넘게 왕실에 생선을 공급하던 어촌 마을 츠키지에 1935년 도쿄중앙도매시장이 문을 열면서 츠키지 어시장으로 알려졌다. 과거 참치 경매로 유명했던 츠키지 시장이지만 현재 장내 경매 시장은 2018년 10월 토요스 시장으로 이전한 상태다. 츠키지 시장에서 인기를 모았던 명물 스시집도 여러 곳 옮겨갔다. 하지만 장외 넓은 시장에는 해산물가게, 과일가게, 음식점 등 300개가 넘는 상점이 있어 늘 시끌벅적 활기가 넘친다. 생선과 채소 등 식재료를 구입할 수 있으며, 많은 이들이 식사를 하기 위해 이곳을 찾는다. 스시 외에도 달걀말이 꼬치인 쿠시타마, 딸기 찹쌀떡 등 길거리 간식을 먹기 위한 줄도 길게 늘어서 있다.

* 히비야선 츠키지역 1번 출구 도보 3분.

하라주쿠(原宿)

미군정 당시 미군과 가족들이 살던 곳으로, 도쿄 젊은이들과 예술가들이 모여들면서 젊음과 유행의 거리가 되었다. 도쿄 올림픽을 기점으로 이곳에 모여든 젊은이와 예술가들을 하라주쿠족이라 불렀고, 지금도 독특한 개성을 지닌 숍들이 많다. 창포원과 메이지신궁이 가까이 있고, 오모테산도로 유명한 아오야마는 패션숍과 카페, 레스토랑이 느티나무 가로수 거리와 어우러져 패션 피플이라면 한번쯤은 찾는 곳이 되었다.

* JR 야마노테선 하라주쿠 역에서 도보 2분.

시부야(渋谷)

세이부, 도큐, 파르코, 마루이 백화점 등이 밀집한 쇼핑거리. 주인이 죽은 뒤에도 몇 년간 전철 입구에서 주인을 기다렸다는 충견 하치의 동상으로도 유명하다. 엄청난 유동 인구를 자랑하며 백화점 외에도 개성이 넘치는 의류를 취급하는 대형매장과 작은 상점이 즐비해 도쿄의 대표 패션타운으로 불린다. 역 주변에서 늘 다양한 엔터테인먼트 행사가 열린다.

* JR 야마노테선 시부야역 도보 1~5분.

*** 숙소**

도쿄 공식 숙박 사이트 www.gotokyo.org/kr/plan/accommodations

도쿄에서는 5,000개가 넘는 숙박 시설이 넓은 지역에 분포되어 있어 원하는 곳을 골라 온라인 숙박사이트를 비교 후 예약하는 것이 합리적이다.

[도쿄역 주변]

도큐스테이호텔 히가시긴자 : 츠키지 어시장까지 도보 3분 거리의 아파트형 숙소. 방마다 세탁기와 전자레인지가 갖춰져 있다. 츠키지 시장 새벽 투어에 최적이다.

토요코인 도쿄에키 신오하시 마에 : 도쿄역 동쪽 신오하시에 있는 저렴한 비즈니스호텔. 도심과 츠키지 어시장으로 접근성이 뛰어나다.

더 도쿄 스테이션 호텔 : 도쿄역에 있는 고급 호텔. 영화와 소설 속 무대이자 명사들이 머물렀던 곳이며, 도쿄역 리뉴얼 이후 폭발적인 인기를 얻고 있다.

인터콘티넨탈 베이 호텔 도쿄 : 도쿄만과 오다이바를 조망할 수 있는 곳으로, 도쿄역과 도심, 하마리큐 정원, 오다이바 이동에 편하다.

포시즌 호텔 마루노우치 도쿄 : 도쿄역 야에스 출구 바로 앞에 위치한 고급 체인호텔. 접근성이 가장 좋다.

[신주쿠 주변]

토요코인 신주쿠 가부키쵸 : 신주쿠역 동북쪽에 위치한 저렴한 비즈니스호텔. 접근성이 좋다.

신주쿠워싱턴 호텔 : 도쿄도청 옆에 위치한 비즈니스호텔로 교통이 매우 편리하다.

신주쿠 프린스 호텔 : 워싱턴 호텔과 더불어 신주쿠 지역을 대표하는 비즈니스호텔로 접근성이 좋다.

[이케부쿠로 주변]

토요코인 이케부쿠로 기타 구치 1 : 이케부쿠로역 북쪽 출구에 가깝고 저렴하며 청결한 숙소로 인기가 높다.

토요코인 이케부쿠로 기타 구치 2 : 이케부쿠로 기타구치 1번 호텔과 마주하고 있다. 편의시설과 접근성이 좋다.

호텔 그랜드 시티 : 이케부쿠로역에서 가깝고 저렴한 숙소.

[오다이바 지역]
호텔 닛코 도쿄 : 도쿄 만과 도심을 동시에 조망할 수 있는 전망이 좋고 극진한 서비스로 인기가 높다.
르 메르디앙 그랜드 퍼시픽도쿄 : 오다이바와 도쿄만, 도심 조망이 가능한 낭만적인 호텔이다.

*** 먹거리**
오에도(大江戶) : 츠키지 어시장 입구의 초밥집. 시장이 개장하기 전부터 손님으로 북적이는 유명한 집이다.
마리온 크레페 : 하라주쿠 거리의 아이스크림 가게. 100여 종류의 크레페 아이스크림을 먹을 수 있는 하라주쿠의 명물이다.
하마가쓰(浜勝) : 간다에 위치한 돈가스 전문점. 값싸면서 음식 맛도 좋다.
카페 스파지오 : 이케부쿠로 선샤인 시네마 근처 건널목에 자리한 카페. 음료와 스파게티, 샌드위치, 돈가스 등을 판다.
큐슈 잔가라 라멘(九州じゃんがら) : 창업 30주년의 라면 전문점. 아키아바라 본점, 긴자, 신주쿠, 니혼바시, 이케부쿠로 등 7곳이 문을 열고 성업 중이다.
카니코우센(蟹工船) : 유라쿠초의 게요리 전문점. 계절에 따라 다양한 종류의 게요리를 맛볼 수 있다.

오타코(お多幸) : 긴자 스카야바시 교차로 소니빌딩 골목에 자리한 110년 전통의 어묵집. 간단한 음식도 즐길 수 있다.
음식점 정보 : www.menu-tokyo.jp/menu/index.html (한글지원)

*** 살거리**
롯폰기 힐즈(六本木ヒルズ) : 문화와 쇼핑은 물론 미식을 동시에 즐길 수 있는 곳으로 세계적인

명품점부터 부담 없이 구입이 가능한 의류점과 액세서리 취급점까지 매우 다양하다.
하라주쿠(原宿) 구제의류 : 개성있는 구제의류를 파는 구역이 있으며, 시카고를 비롯하여 한지로, 킨지, 위고 등의 상점이 유명하다. 주변에 의류와 액세서리를 취급하는 상점도 많다.
신주쿠(新宿) : 백화점부터 쇼핑몰, 대형서점과 전자제품숍, 드러그스토어 등 모든 쇼핑이 가능한 지역.
우에노(上野) : 시장을 중심으로 상점거리가 있어 저렴한 생활용품, 과자 등을 살 수 있다.
쇼핑정보 : www.gotokyo.org/ko/campaign/map/index.html
www.gotokyo.org/jp/see-and-do/shopping

이케부쿠로 헬로키티 전문점.

茶そば 寿庵
そば
手打蕎麦

17

#도치기현 닛코 #사이타마현 가와고에

화려했던 과거로 떠나는 여행

"닛코를 보기 전에 훌륭하다고 말하지 말라."는 말이 있을 정도로, 닛코는 화려하고 좋았던 에도 시절의 문화 정수가 남아있는 곳이다. 대표적인 유적인 도쇼쿠, 바로 도쿠가와 이에야스의 화려한 영묘가 있는 거대한 신전이다. 100여 년의 혼란기를 평정하고 일본을 통일한 이에야스는 죽어 일본의 평화를 지키는 신이 되고자 하였다. 그의 유언에 따라 도쿄의 북쪽 닛코에 그를 모신 거대한 신전을 지은 것이다. 눈이 휘둥그레질 정도의 화려한 건물과 곳곳에 숨겨진 이야기를 따라가는 즐거움과 재미가 크다. 또한 도쿄에서 1시간도 채 안 되는 거리에 에도시대의 거리가 그대로 남겨진 가와고에로 떠난다. 화려한 과거로 떠나는 여행은 언제나 아름답다.

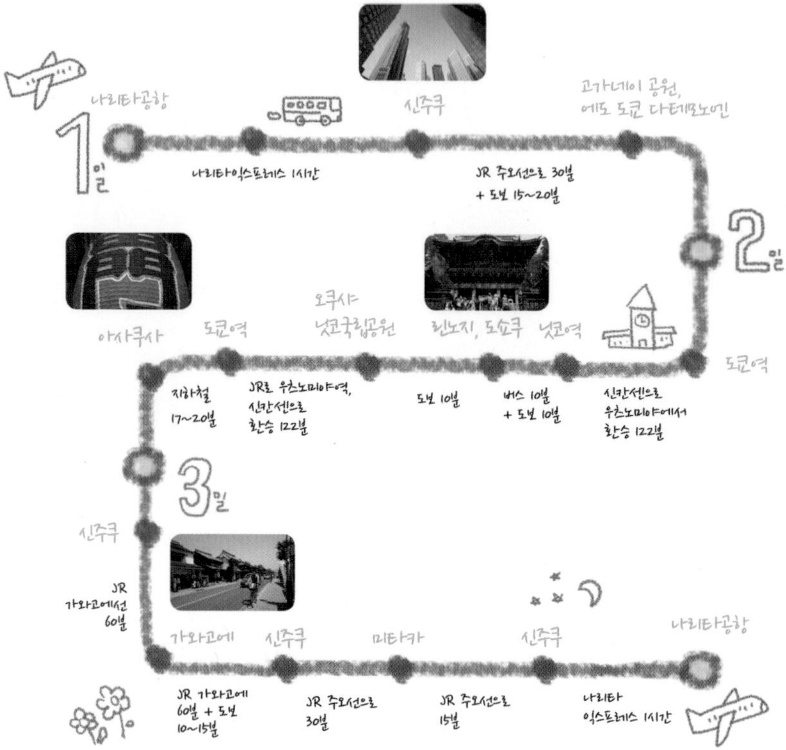

*** 2박 3일 추천 일정**	나리타공항(IN) – 도쿄(2박) – 나리타공항 (OUT)
*** 추천 시기**	웅장한 산으로 둘러싸인 닛코는 신록과 꽃을 볼 수 있는 4월 중순부터 단풍이 드는 11월 사이에 찾는 것이 좋다. 일본의 다른 도시들처럼 여름에도 습하지 않아 좋다.
*** 교통**	**나리타공항 → 도쿄 :** 나리타 익스프레스로 우에노, 도쿄역, 신주쿠, 시부야 등 주요 지점에 환승없이 갈 수 있다. 도쿄역 기준 1시간 소요. 나리타 익스프레스(N'EX) 편도 3,070엔. 리무진 버스는 주요 호텔 앞에 정차하여 편하다. 요금은 편도 3,100엔 게이세이 전철과 JR을 이용하여 이동하는 것이 저렴하지만 시간을 절약하려면 게이세이 스카이라이너와 JR나리타 익스프레스를 이용한다. **하네다공항 → 도쿄 :** 모노레일로 도쿄역까지 22분, 신주쿠 31분, 시부야 24분, 아사쿠사 36분. 닛코와 인근지역을 둘러보려면 JR패스보다 지하철과 JR전철을 이용할 수 있는 1일권 티켓이 효율적이다. **닛코 시내 :** '세계유산순례 순환버스'가 JR 닛코역, 도부 닛코역, 니시산도, 렌게이시를 오간다. 역에서 주요명소까지 돌아볼 수 있다. **교통 정보** www.tobu.co.jp/kr (한글지원)

* **여행 정보**	**도쿄 :** www.gotokyo.org/kr (한글지원) **닛코 :** www.tokinoyuu.com/ko (한글지원) **JR 전철 :** www.jreast.co.jp/kr (한글지원) **JR나리타 익스프레스 :** www.jreast.co.jp/kr/nex (한글지원) **게이세이 전철& 게이세이 스카이라이너 :** http://www.keisei.co.jp (한글지원) **리무진 버스 :** www.limousinebus.co.jp (한글지원)
* **JR도쿄와이드패스**	www.jreast.co.jp 도쿄와 간토 주변 지역인 닛코, 가루이자와, 후지산 등을 여행할 때 유용하다. 신칸센·특급 열차 등의 지정석·자유석을 3일간 이용할 수 있다. 성인 15,000엔, 어린이(6~11세) 7,500엔. JR 동일본 전 노선, 도쿄 모노레일, 조신전철 전 노선 등 이용 가능.
* **숙박**	가와고에와 고가네이, 미타카로 이동하려면 신주쿠나 이케부쿠로에, 닛코행 신칸센을 타려면 도쿄역 근처가 편리하다.

1 첫 째 날

나리타공항 → 신주쿠, 숙소 체크인 후 → 고가네이 공원, 에도 도쿄 건축공원

신주쿠에 도착하여 먼저 전철로 30분 거리인 고가네이 공원 내의 에도 도쿄 건축공원으로 가보자. 도쿄 교외의 대표적인 공원으로, 에도 시대와 근대 일본의 대표적인 건물들을 한자리에서 볼 수 있다. 봄에는 벚꽃으로 유명하고, 애니메이션 〈센과 치히로의 행방불명〉의 배경이 된 공중 목욕탕, 식당, 메이지 당시의 도쿄 거리 풍경 등 흥미로운 볼거리가 많다.

고가네이 공원(小金井公園)

www.gotokyo.org/kr/spot/422/index.html : 에도 시대 때부터 벚꽃으로 유명했던 고가네이 공원. 봄이면 벚꽃을 구경하는 이들로 북적인다. 25,000그루가 넘는 각종 수목이 가득한데, 벚나무만도 약 2,000여 그루에 달한다. 공원에서는 매월 두 차례씩 일요일에 벼룩시장이 열리는데, 독특한 물건을 저렴하게 살 수 있어 많은 이들이 찾는다.

* 신주쿠역에서 JR주오선을 이용하여 무사시고가네이역 하차. 25분 소요. 무사시고가네이역에서 도보 20분, 버스로 5분. 연중무휴 24시간 개방.

에도 도쿄 건축공원(江戸東京たてもの園)

tatemonoen.jp : 에도 도쿄 건축공원은 고가네이 공원 내에 있다. 남산 한옥마을처럼 사라져가는 에도 시대 건축물을 보존하기 위하여 조성한 건축공원이다. 에도 시대 서민들의 삶을 엿볼 수 있는 공중목욕탕과 서점, 정치인과 유명인사의 저택을 옮겨놓아 에도 시대의 주택 양식과 생활상을 느껴볼 수 있다. 애니메이션과 영화의 배경으로도 자주 등장한다. 간단한 공연도 열리고 옛날 놀이기구도 있어 마치 오래된 테마파크에 간듯, 신기한 매력을 느낄 수 있다.

* 신주쿠역에서 JR주오선을 이용하여 무사시고가네이역 하차. 25분 소요. 무사시고가네이역에서 도보 20분, 버스로 5분. 4~9월 9:30~17:30, 10~3월 9:30~16:30.

2 둘째 날

도쿄역 → 아사쿠사 → 닛코 → 아사쿠사

도쿄역에서 신칸센을 타고 닛코로 이동한다. 세계문화유산이자 화려한 에도시절의 영화를 떠올리게 하는 신사와 절을 돌아보며 과거로 떠나보자. 주요 명소를 둘러본 후 서둘러 도쿄로 돌아오면 아사쿠사나 신주쿠에서 저녁 시간을 보낼 수 있다.

닛코(日光)

고야산과 비교되는 닛코는 도쿄 북쪽의 작은 산촌 마을이었다. 766년 쇼도 쇼닌(勝道上人)이 린노지를 세운 이후 간토 지방의 종교 중심지가 되었고, 1617년 도쿠가와 이에야스의 유골을 안치하고 신전을 지으면서 신앙의 중심지가 되었다. 3대 쇼군 도쿠가와 이에미쓰가 지은 도쇼쿠는 화려하면서도 뛰어난 에도시대의 문화정수를 보여준다. 도쇼쿠와 함께 린노지, 후타라산 신사는 유네스코 세계유산으로 지정되었다. 가까이 국립공원에는 주젠지호 난타이산, 키누가와 온천으로도 유명하다. 예로부터 "닛코를 보기 전에 훌륭하다고 말하지 말라"는 말이 전해 올 정도로 1,200년의 역사를 자랑하는 명승지가 많다.

* 도쿄 와이드 패스가 있다면 도쿄역에서 신칸센을 타고 우츠노미야 (49분 소요) → JR 닛코선으로 환승, 닛코역까지 45분 소요. 아사쿠사역에서 도부(東武)철 닛코선으로 2시간 5분 소요. JR신주쿠역에서 특급열차로 닛코 2시간 소요. 닛코 여행에서는 기차와 버스를 제한없이 이용할 수 있는 닛코패스가 유용. 4일권 성인 4,780엔, 어린이 1,330엔.

린노지(輪王寺)

www.rinnoji.or.jp : 닛코 여행의 시작점인 린노지는 766년 쇼도 쇼난이 세운 사찰이다. 닛코에 처음 지은 사찰로, 약 1,000년 동안 시혼류지(四本竜寺)로 불리다가 17세기 천태종 사찰로 바뀌면서 린노지가 되었다. 산부쓰도(三仏堂)를 중심으로 모두 15개의 건물로 이루어져 있고, 보물관에 보존되어 있는 유물은 역사적인 가치가 뛰어나다. 각 전각마다 관람료를 내고 들어가야 하므로, 린노지와 도쇼쿠 등 주요 명소를 둘러볼 수 있는 통합 입장권을 사는 것이 좋다.

* 도부(東部)역과 JR 닛코역에서 도보 30분, 버스 10분(편도 300엔, 1일 패스 500엔). 4~10월 8:00~17:00, 11~3월 8:00~16:00. 연중무휴. 린노지 성인 900엔 산부츠도 400엔, 보물전과 쇼요엔 300엔. 통합입장권 1,000엔(도쇼쿠, 다이유인뵤, 후타라산 신사 포함, 보물전과 쇼요엔 제외).

도쇼쿠(東照宮)

www.toshogu-koyoen.com/toshogu) : 1617년 쇼군 도쿠가와 이에야스(徳川家康)를 위하여 설립한 신사이다. 닛코산에 작은 당을 세우고 자신을 신으로 모시라는 이에야스의 유언에 따라 지어졌다. 유언은 소박한 모습이었으나 3대 쇼군인 도쿠가와 이에미쯔(徳川家光)에 의해 일본 최고의 호화로운 사당이 지어졌다. 도쇼쿠의 35동에 달하는 건물은 에도 초기 예술 정수를 대표하는 유적지로 꼽힌다. 고쥬노토(五重塔)를 비롯해 많은 건물이 화재로 소실된 것을 복원하였다. 잠자는 고양이, 참새 등 다양한 조각에는 평화를 염원한 이에야스의 뜻이 담겨있다고 한다. 작은 조각들을 찾아보는 것도 화려한 도쇼쿠를 보는 즐거움이다.

* 4~10월 8:00~17:00, 11~3월 8:00~16:00. 연중무휴, 성인 1,300엔, 초중등생 450엔. 통합입장권 관람 가능.

오쿠샤(奥社)

잠자는 고양이 조각이 장식된 동쪽 사카시타몬을 빠져 나와 돌계단과 삼나무 숲을 따라 걷다보면 오큐샤가 나온다. 돌 기단 위에 청동으로 만든 유골함은 높이가 5미터에 이르는 데, 도쿠가와 이에야스의 유골을 모셨다. 원래 시즈오카에 있던 유골을 이에미쓰가 이곳으로 옮겼다. 처음 만든 유골함은 15미터에 달하는 초대형 석탑이었으나 17세기 후반 지진으로 무너져 청동으로 다시 만들었다.

* 도쇼쿠에서 도보 10분.

닛코 국립공원(日光國立公園)

www.mct.gr.jp : 오랜 역사를 간직한 고찰과 화려한 신사가 자리한 닛코의 중심은 국립공원이다. 1934년 일본 최초의 국립공원으로 지정되었으며, 닛코가 위치한 도치기현을 중심으로 군마현과 후쿠시마현, 니가타현에 걸쳐 있다. 닛코 국립공원은 부담 없이 등산, 하이킹, 낚시, 야영 등을 즐길 수 있으며 공원 안에 유명한 온천이 있어 연중 많은 방문객이 찾는다. 48폭포라 불릴 만큼 폭포가 많은데 가장 유명한 것이 게곤노와키이다. 주젠지호의 물이 97m에서 떨어지는 모습이 호쾌하다. 일본 3대 명 폭포로 불리고, 계절에 따라 다양한 하이킹 프로그램이 운영되므로 관광안내소에 문의해보자.

* 도부철도 : www.tobu.co.jp
JR히가시니혼 : www.jreast.co.jp
도부버스 : www.tobu-bus.com

＊교통

도쿄→닛코 : 도쿄역에서 신칸센을 타고 우츠노미야역까지 49분. 우츠노미야역에서 닛코까지 45분. 간토에어리어패스 이용 가능 구간. 신주쿠역에서 특급열차로 닛코까지 2시간. 아사쿠사, 이케부쿠로역에서 도부선으로 2시간.

＊먹거리

닛코는 여행객이 많은 대표적인 관광지라 간단한 우동부터 일식, 양식 등 다양하게 즐길 수 있다. 하루 일정이라면 닛코역 주변의 식당을 이용한다.(www.umaimono.gr.jp)

아사이야(旭屋) : 닛코 도부역 앞에 위치한 음식점. 두부 요리와 도시락, 어묵 우동 등을 판다. 9:00~18:00, 연중무휴, **전화** (0288) 54 0674.

마코(まこ) : 닛코 도부역에서 도보 2분 거리의 레스토랑. 생선 육류 요리가 있다. 11:00~23:00. 화요일 휴무. **전화** (0288) 54 0939

오또메야(乙女屋) : 닛코 도부역에서 5분, JR 닛코역에서 7분 거리의 분식점. 맛있는 김밥, 삼각김밥 등을 저렴하게 판매하여 인기다. 9:00~17:00. 화요일 휴무. **전화** (0288) 54 0967

사카에야(さかえや) : 닛코 도부역 바로 앞에 있는 튀김요리 전문점. 막 튀긴 고구마 튀김이 일품이다. 9:30~ 18:30, 부정기적으로 휴무. **전화** (0288) 54 1528

3 셋째 날

신주쿠 → 가와고에 → 미타카 → 신주쿠 → 나리타공항

도쿄 시내에서 에도 시대 분위기를 느낄 수 있는 곳은 많지 않지만, 신주쿠 외곽의 소도시 가와고에에 간다면 이야기가 달라진다. 에도 시대의 거리 풍경이 그대로 남아있어 일본다움이 넘친다. 반나절 거리로 부담이 없다는 것도 좋다. 또한 미야자키 하야오의 지브리미술관과 에도 도쿄 건축공원도 가깝다. 가와고에를 돌아본 후 지브리 미술관이나 에도 도쿄 건축공원 중 선택해 돌아보자.

가와고에(川越)

www.koedo.or.jp/foreign/hangle/ (한글지원) : '작은 에도'라는 뜻의 '코에도'라고 불리는 가와고에는 에도 시대 거리 풍경이 그대로 남아있다. 가와고에 대표 명소는 1번가이다. 벽에 검은 회반죽을 칠해 화재를 피했다는 구라즈쿠리 양식의 전통 가옥 거리이다. 지금은 30여 채가 남았는데 회반죽벽 건물이 이어져 마치 검은 거리로 들어서는 듯하다. 영화나 드라마에도 자주 등장한다. 시계탑인 '도키노카네'도 가와고에의 상징이다. 화재로 소실되어 1893년에 재건한 것이라고 한다. 매일 6시, 12시, 15시, 18시에 종이 울린다. 과자거리 가시야요코초에서 과자 한봉지를 사서 먹으며 걸어보는 것도 즐겁다. 중요문화재로 지정된 기타인은 아름다운 정원과 500나한상으로도 유명하니 빼놓지 말자.

* 이케부쿠로에서 도부철도 도조선 급행, 가와고에까지 30분 소요(490엔), 신주쿠역에서 JR 가와고에선으로 60분 590엔. 가와고에 1일 버스패스 400엔.

미타카 지브리 미술관(三鷹の森ジブリ美術館)

ghibli-museum.jp : 애니메이션의 거장 미야자키 하야오가 직접 꾸민 미술관. 큰 토토로가 반겨주는 지하 1층, 지상 2층의 건물에 들어서면 높은 천장과 예쁜 문들, 나선형 계단과 옥상 정원 등 모든 것들이 동화의 세계처럼 즐겁고 신난다. 규모는 크지 않지만 미야자키 하야오의 대표작인 〈이웃집 토토로〉, 〈센과 치히로의 행방불명〉, 〈천공의 성 라퓨타〉, 〈모노노케 히메〉 등의 오리지널 원고와 작업실을 구경할 수 있다. 옥상과 정원 곳곳에 만들어 둔 주인공 캐릭터 등 흥미로운 볼거리가 가득하다.

* 신주쿠에서 JR 추오선 쾌속 18분. 미타카역에서 셔틀버스로 5분, 도보 20분. 10:00~18:00. 매주 화요일과 작품 교체시기 휴관, 입장권은 사전 예약제로 한국에서 구입한다.(대한여행사 T. (02) 722 8188, www.ktbtour.co.kr). 일본에서는 편의점 로손에서 구입 가능. 성인 1,000엔, 중고생 700엔, 7~12세 400엔, 4~6세 100엔.

*** 교통**

신주쿠 → 가와고에 : 세이부 철도 이용. 1시간 소요. 700엔.

이케부쿠로 → 가와고에 : 도부 도조선 이케부쿠로역에서 가와고에 급행. 31분 소요 490엔

신주쿠 → 미타카 : JR 추오선 18분 소요. 편도 210엔. 미타카역에서 셔틀버스 5분(왕복 320엔), 도보 20분.

*** 숙박**

[신주쿠 주변]

파크 하얏트 도쿄 : 신주쿠역과 가깝고, 초고층이라 객실에서 도쿄 야경이 보이는 멋진 조망을 갖춘 고급호텔.

게이오 프라자 호텔 : 도쿄도 도청과 바로 인접한 비즈니스호텔. 교통이 편리하고 짐이 많은 경우 좋다.

[우에노& 아사쿠사 주변]

우에노 퍼스트 시티 호텔(www.uenocity-hotel.com) : 우에노 공원에 인접한 저렴한 비즈니스호텔로 주요 명소와 박물관 등으로 접근이 뛰어나다.

서튼플레이스 호텔 우에노 : 우에노 역과 인접한 비즈니스호텔.

토요코인 아사쿠사 쿠라마에 카미나리몬 : 센소지에 가까워 편리성과 접근성이 좋다.

치선 인 아사쿠사 : 도쿄만에 인접한 체인호텔. 나카미세 아케이드, 센소지, 아사쿠사로 이동이 편리하다.

스마일 호텔 아사쿠사 : 스미다 공원, 센소지, 아사쿠사, 스카이트리 등에 가깝고 저렴한 호텔이다.

[닛코 지역]

온천여관 협동조합

www.nikko-spa.org (한글지원)

전통 료칸 등 닛코의 다양한 숙박은

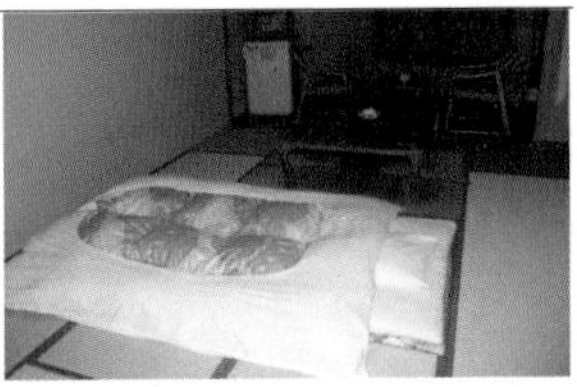

온천 료칸 사이트를 이용하면 편리하다.

닛코 가나야 호텔(www.kanayahotel.co.jp) : 린노지와 도쇼쿠에서 가까운 140년된 료칸 호텔. 아늑하고 편안한 분위기이다.

닛코 팍 롯지 도부 : 도부 닛코역에서 가까운 롯지로 비교적 저렴하다.

닛코 스테이션 호텔 클래식 : 닛코역 바로 앞의 호텔로 120년 역사를 자랑한다.

닛코 토칸소 호텔 : 닛코의 대표적인 명소인 린노지와 도쇼쿠에서 가까운 숲속에 자리한 숙박시설로 주요 명소로 접근이 뛰어나다.

호텔 하루모토 : 린노지와 도쇼쿠에서 가깝다.

#가나가와현 가마쿠라, 요코하마 #하코네 #시즈오카현 아타미

하늘, 바람, 바다와 나를 만나는 여행

도쿄에서 가까운 가마쿠라와 하코네는 2박 3일이나 3박 4일 일정으로 돌아보기에 좋은 코스이다. 일본 사람들이 가장 살고 싶어 하는 가마쿠라에는 문화유적과 아름다운 자연이 있다. 그리고 세련된 거리와 주택가로 유명하다. 도쿄에서 혼자 훌쩍 바다로 떠나고 싶다면 이곳은 어떨까? 온천지로 유명한 아타미와 하코네도 빼놓을 수 없다. 도쿄, 가마쿠라, 하코네, 아타미, 그리고 요코하마를 둘러보는 코스는 하늘과 바람, 바다와 나를 만날 수 있는 여행이 될 것이다.

*** 3박 4일 추천 일정** 나리타공항(IN) – 가마쿠라(1박) – 하코네(1박) – 아타미(1박) – 요코하마 – 나리타공항 (OUT)

*** 추천 시기** 도쿄와 가마쿠라, 하코네, 아타미, 요코하마 여행은 계절에 따라 분위기가 뚜렷하게 다르다. 도시여행은 어느 계절이라도 크게 다르지 않지만 바다와 산이 어우러진 가마쿠라와 하코네, 그리고 아타미는 꽃피는 봄이나 온천욕이 그리워지는 늦가을이 좋다. 도쿄와 요코하마는 여름을 피하는 것이 좋다.

*** 교통**

도쿄와이드패스 : 공항에서 가마쿠라, 아타미, 요코하마까지 이동이 가능하다. 신칸센·특급 열차 등의 보통칸 지정석을 3일간(15,000엔) 자유롭게 이용할 수 있어 가루이자와, 닛코, 아타미 등 외곽으로 이동할 때 교통비를 줄일 수 있다.

하코네 프리패스 : www.odakyu.jp/korean (한글지원) 하코네 온천 지역은 지대가 높고 명소들의 거리가 멀어 이동할 때 등산전차, 케이블카, 로프웨이 등을 이용한다. 하코네 프리패스는 신주쿠, 오다와라 등 주요 역에서 출발하여 하코네 모토마치역 – 고라 – 소운잔 등을 이동하는 모든 교통 수단을 자유롭게 이용할 수 있다. 2일권은 신주쿠역 출발 6,100엔

가마쿠라역 → 하코네 유모토역 : 가마쿠라역에서 JR 요코스카선으로 7분이면 오후나역에 도착한다. 쇼난 신주쿠라인으로 환승해서 34분 후 오다와라역 도착. 하코네 등산열차로 14분을 가면 하코네 유모토역이다.

하코네 유모토역 → 아타미 : 하코네 등산열차로 14분이면 오다와라역에 도착. JR 동해도본선으로 갈아타고 아타미역까지 23분 소요. 환승시간을 포함하여 약 1시간 10분이 소요된다. JR선은 도쿄와이드패스 이용 가능.

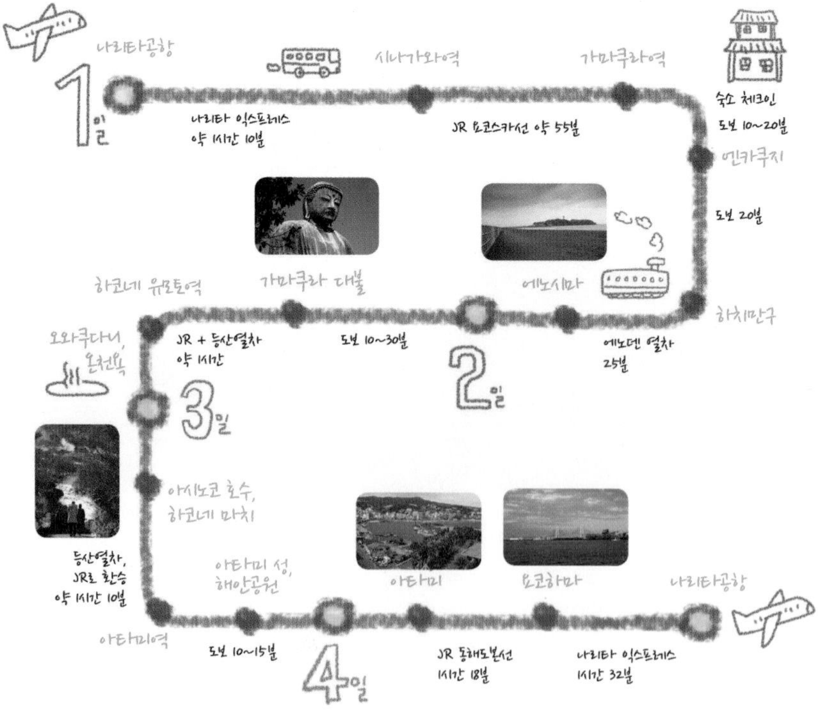

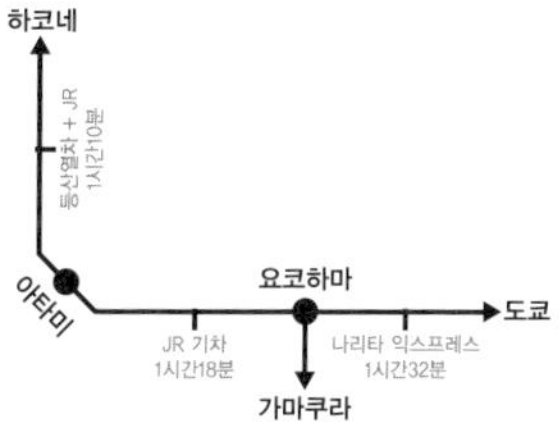

*** 여행 정보**

가마쿠라 : www.feelshonan.jp/kr (한글지원)
(한글지원) 유서 깊은 역사도시로, 가마쿠라 역사(guide.city.kamakura.kanagawa.jp/ko/history)를 간단히 공부한다면 더 유익한 여행이 될 수 있다. 역과 주요 지점에 관광안내소가 있다.

하코네 : www.hakone-japan.com (한글지원)

*** 숙박**

하코네, 아타미는 유명한 온천 휴양지로 숙박시설이 풍부하다. 천천히 쉬어간다면 온천 료칸이 좋고 짧은 시간에 여러 곳을 돌아보려면 기차역 주변 숙소를 선택하는 것이 좋다.

아타미 해변의 요트항.

1 첫 째 날

나리타공항 → 가마쿠라 이동, 엔카쿠지, 하치만구, 에노시마

나리타공항에서 가마쿠라로 바로 이동한다. 기타 가마쿠라역에서 내려 산자락의 호젓한 선종 사찰인 엔카쿠지부터 천천히 돌아보자. 주택가와 이어진 동네는 산책하기에도 좋고, 작은 카페, 갤러리 등이 잘 어우러져 분주하던 마음도 편안해지는 듯하다.
오후 해질 무렵에 도착했다면 에노시마로 가보자.
아름다운 바다와 해변 산책로, 공원 등 풍광이 좋다.

가마쿠라(鎌倉)

지금은 고즈넉한 사찰과 주택이 늘어선 가마쿠라는 일본 최초의 막부를 열었던 곳이다. 가마쿠라 막부시대 때 150년 동안 일본의 수도로, 선종의 중심지로 더 유명하다. 기타 가마쿠라에 자리한 엔카쿠지는 일본 최고의 선종사찰이며 도시의 65곳에 달하는 사찰과 19개 신사는 신앙심을 상징하는 곳으로 명성을 유지하고 있다.
가마쿠라의 주요 사찰은 3개의 등산로로 연결되어 있어 사색을 만끽하기에 더 없이 좋다.

하치만구(八幡宮)

www.hachimangu.or.jp : 가마쿠라 시가지에 자리한 하치만구는 전쟁의 신을 모신 신사이다. 1063년 바닷가에 세워진 것을 요시모토 요리토모가 가마쿠라에 무사정권을 세운 후 1191년 지금의 위치로 옮겨왔다. 하치만구의 신앙을 배경으로 가마쿠라가 형성되었고, 지금도 무사도의 상징으로 많은 이들이 참배하고 있다. 대지진으로 대부분 건물이 소실된 것을 19세기 중반 재건하였다. 하치만구 입구의 국보관에는 국보와 주요 문화재로 지정된 많은 유물이 보관되어 있다.

*JR 가마쿠라역에서 도보 10분. 연중무휴, 24시간 개방.

엔카쿠지(円覚寺)

www.engakuji.or.jp/about : 일본 선종을 대표하는 사찰이다. 1278년에 창건한 가마쿠라 최대 사찰로, 40여 채의 전각이 있었다고 한다. 1923년 발생한 관동대지진으로 절의 대부분이 파괴되고 남아있는 건물 17채도 대부분 복원한 것이다. 엔카쿠지의 많은 유물은 매년 1~2차례씩 공개 전시회를 가진다. 유물을 공개하는 시기에는 전국에서 몰려든 관람객으로 인산인해를 이룬다.

* 기타(北) 가마쿠라 역에서 도보 2분. 4~10월 8:00~17:00, 11~3월 8:00~16:00. 연중무휴, 성인 500엔, 어린이 200엔.

에노시마(江ノ島)

www.discover-fujisawa.jp (한글지원) : 가마쿠라 서쪽에 위치한 에노시마는 다리로 연결된 작은 섬이다. 신사, 공원, 전망 타워, 동굴을 중심으로 해변을 따라 만들어진 산책로가 아름답다. 오랜 역사를 자랑하는 신사와 영국인 무역상이 조성한 사무엘 공원이 있다. 맑은 날은 멀리 후지산까지 보여 많은 이들이 찾는다.

* 도쿄에서 가마쿠라, 에노시마까지 이동방법, 소요시간, 요금은 다양하다. 신주쿠역에서 JR로 가마쿠라까지 1시간. 920엔. 가마쿠라에서 에노시마까지는 에노덴으로 35분. 300엔. 쇼난 신주쿠선 이용시 오다큐선 신주쿠역에서 후지사와까지 1시간~1시간 30분, 590엔. 가마쿠라 패스로 신주쿠-후지사와 왕복과 에노덴 자유탑승 가능 1,640엔. 도쿄역에서 가마쿠라까지 50분. 900엔. 가마쿠라에서 에노시마까지 에노덴으로 35분. 300엔. 에노덴 1일권 성인 800엔, 어린이 400엔. 에노시마 에스컬레이터 성인 360엔, 어린이 180엔. 사무엘 공원 성인 200엔, 어린이 100엔, 전망대 성인 300엔, 어린이 150엔.

*** 교통**

나리타공항 → 가마쿠라역 : 나리타 익스프레스로 시나가와역 이동. JR 요코스카선으로 갈아타고 가마쿠라역까지 간다. 55분 소요.

2 둘째 날

가마쿠라 → 하코네온천 → 오와쿠다니

아침에 가마쿠라를 상징하는 대불을 만나러 가자. 나라의 도다이지 대불과 비교되는 거대한 불상으로, 야외에 앉은 모습이 조금은 낯설기도 하다. 가마쿠라에서 하코네온천으로 이동한 후 화산의 증기가 뿜어나오는 오와쿠다니 자연로를 돌아본 다음 느긋하게 온천욕을 즐겨보자.

가마쿠라 대불

고토쿠인 절에 있는 가마쿠라 대불은 옥외에 자리하고 있어 멀리서도 보인다. 거대한 불상에 가까이 갈수록 그 크기에 놀라게 되는데, 높이 13.5미터에 무게만도 121톤에 달한다. 가마쿠라 유일의 국보로, 나라의 도다이지 대불에 이어 크기로는 두 번째이며 일본 3대 불상으로 꼽힌다. 처음에는 불전에 모셔져 있었으나 15세기 해일로 불전이 무너지면서 옥외에 자리하게 되었다. 비바람에도 굳건히 자리한 부처님의 모습에서 불심이 피어날지도 모르겠다.

* JR 가마쿠라역 동쪽 출구 1번, 6번 정류장에서 대불 방면 버스 승차, '대불 앞'에서 하차. JR 가마쿠라역 서쪽 출구에서 도보로 30분. 4~9월 8:00~17:30, 10~3월 17:00, 대불 태내 16:30, 성인 300엔.

하코네(箱根)

가나가와현에 위치한 유명 온천 휴양지이다. 도쿄, 요코하마 등 대도시와 가까워 연중 많은 방문객이 찾는다. 웅장한 산과 아름다운 호수, 편안한 휴식이 가능한 온천을 두루 갖추고 있어 일찍이 휴양지로서 유명세를 떨쳤다. 해발 1,438미터 하코네 산과 아시노 호수는 일본의 비경으로 널리 알려져 있으며, 호숫가에 자리한 개성 넘치는 호텔과 료칸은 한번쯤은 묵어보고 싶다는 마음이 절로 든다. 에도 시대에는 도카이도 역참인 슈쿠바가 있던 교통의 요충지였다. 하코네는 지대가 높아 등산전차, 케이블카, 로프웨이 등으로 이동할 수 있다. 유모토역에서 고라 → 소운잔 → 오와쿠다니 → 아시노코 호수 도겐다이 코스로 돌아보는 것이 좋다.

하코네 프리패스 www.odakyu.jp/korean/deels/freepass/hakone/ (한글지원)
하코네 로프웨이 www.hakoneropeway.co.jp/oreign/kr/ (한글지원)

오와쿠다니 자연연구로 (大涌谷自然研究路)

하코네의 화산지대를 몸으로 체험할 수 있는 오와쿠다니 자연연구로는 로프웨이역 앞에 펼쳐져 있다. 길이 670미터에 달하는 오와쿠다니 자연연구로를 따라 걸으면 땅 속에서 증기가 뿜어져 나오고, 유황냄새가 진동한다. 과학이 발전하지 않았던 옛 사람들에게는 공포의 대상이었지만 지금은 여행객들을 불러 모아 주민들의 삶을 풍요롭게 만들고 있다.
하코네의 명물인 유황수로 삶은 검은색 달걀을 꼭 맛보자. 하코네의 명물로, 매점에서 판다.

* 소운잔에서 로프웨이로 10분 소요.

*** 숙박**
작은 마을이 여러 개 모여 있는데, 온천지역과 아시노코 호수 주변에 숙박시설이 밀집되어 있다. 최고급 전통료칸에서 유스호스텔까지 다양하다.
우미모토(海本, www.umimoto.com) : 등산열차역인 오다와라역 근처의 저렴한 온천료칸. 부담 없이 머물 수 있다.
후지야 호텔(富士屋ホテル, www.fujiyahotel.co.jp/kr/index.html (한글지원)) : 하코네 미야노시타역에서 가깝다. 1878년 일본 최초의 리조트로 고풍스러운 분위기가 매력적이다.

하코네 호텔(箱根ホテル, www.hakonehotel.jp) : 아시노 호수에 인접한 호텔. 90년 역사를 자랑하며, 객실에서 호수 조망이 멋지다.
유기리소우(夕霧荘, www.yuugiriso.co.jp) : 아시노 호수와 인접. 20개 객실을 갖춘 중소규모 료칸으로 친절한 서비스와 맛깔스러운 음식을 제공한다.
오미야 료칸(近江屋旅館, www.o-miya.com) : 객실이 7개인 소규모 료칸. 가격도 비교적 저렴하고, 집처럼 편안하게 머물 수 있다.

*** 먹거리**
라테라자(テラッツァ, www.la-terrazza-ashinoko.co.jp/info/guide.html) : 이탈리안 레스토랑. 하코네 유람선 선착장에서 가까워 아시노 호수를 조망할 수 있다.
구모쓰게 단고(雲助だんご, www15.ocn.ne.jp/~kumosuke/kumotenp.htm) : 유람선 선착장 근처의 경단과 도시락, 간단한 음식을 파는 가게. 경단은 하코네 명물로 에도 시대 역참의 짐꾼들이 비상 식량으로 먹었다.
요유라쿠(瓔珞, www.youraku.co.jp) : 토노사와 온천에 자리한 음식점으로 덮밥, 생선조림 등이 맛있다.
하츠하나(はつ花, www.hatsuhana.co.jp) : 유모토 온천지역의 80년 전통의 소바집.
가루타(歌流多, www.hakone-karuta.com) : 유모토 온천에 있는 음식점. 간단한 어묵과 꼬치구이 등이 있다.
야마소바(山そば, www.yamasoba.com) : 유모토 온천 상점가의 소바 전문점. 담백한 맛으로 유명하다.

3 셋 째 날

하코네 아시노코 호수와 하코네 마치 → 아타미역 → 아타미 성과 해안 공원

온천욕과 아침식사를 한 후 아시노 호수로 가보자. 멋진 해적선을 타고 화산폭발로 만들어진 거대한 호수를 투어한다. 그리고 바닷가 온천으로 유명한 아타미로 이동한다. 바다를 바라보며 온천욕을 즐기면 어느덧 자연과 하나가 된 듯, 마음이 느긋해지고 즐거워진다.

아시노코 호수

해발 723미터에 위치한, 화산이 폭발하면서 만들어낸 칼데라 호수이다. 40만 년 전 형성된 호수로 둘레만 18킬로미터이며 깊은 곳은 43.5미터에 달한다. 오와쿠다니 자연연구로와 함께 하코네를 대표하는 명소로, 멋진 해적관광선을 타고 투어를 해보자. 유람선에서 바라본 풍광은 잠시도 눈을 떼지 못할 정도로 아름다운데, 맑은 날에는 후지산이 코앞에 있는 것처럼 가깝게 보인다. 해적관광선은 호수 내의 3개 항을 이으며 일주를 하는데, 영국, 프랑스, 스웨덴 함대의 화려한 외관을 그대로 옮겨와 여행객들의 마음을 유혹한다.

* 아시노코 호수 유람선은 회사와 코스에 따라 운행 시간과 요금이 다르다, 편도 성인 510엔~1,450엔. 도겐다이 선착장에서 승선. 하코네마치항까지 보통실 970엔. 하코네 프리패스 무료.

하코네마치(箱根町)

하코네마치는 헤이안 시대 문헌에 등장할 정도로 오랜 역사를 지닌 마을이다. 에도 시대 교토와 연결하는 도카이도 역참이 설치되면서 하코네마치는 크게 발전하였다. 에도로 통하는 4개의 주요 역참 중 한 곳으로 에도와 교토를 오가던 상인과 관리들, 여행객들은 하코네마치에서 짐을 확인하고 허가증을 발급받아야 목적지로 향할 수 있었다. 통행을 철저하게 통제하던 역참제도에서 유일하게 조선 통신사만은 이런 절차를 생략하고 자유롭게 이동할 수 있었다고 한다.

아타미(熱海)

www.atamispa.com : 시즈오카현 동쪽에 위치한 아타미는 가나가와현 서쪽에 위치한 하코네와 인접한 유명 온천도시다. 이즈 반도 동쪽 가파른 언덕을 따라 도시가 조성되어 경관이 아름답다. 8세기부터 온천지로 명성을 얻었던 아타미는 미나모토 요리토모, 호조 마사코, 도쿠가와 이에야스 등이 좋아했던 온천으로 오랫동안 그 명성을 유지하고 있다. 20세기 말까지 일본 최대 온천도시로 번성했던 아타미는 장기 경기침체로 방문객이 줄고 있지만 여전히 일본을 대표하는 온천지이다.

아타미온천(熱海溫泉)

1,200년의 역사를 자랑하는 온천이다. 도쿠가와 이에야스(德川家康)가 즐겨 찾아 더욱 유명해졌는데, 일본의 고도 성장기에 최고 온천휴양지로 인기를 끌면서 지금과 같은 대규모 숙박시설과 여러 볼거리가 생겨났다. 뒤로는 멋진 산과 앞으로는 망망대해를 바라보며 온천을 즐길 수 있다. 아타미온천은 가와라유, 사지로노유, 노나카노유 등 7곳의 원천수가 있고, 매일 24,000톤의 온천수가 솟아오른다. 알칼리성 류머티즘, 신경통, 피부병, 부인병, 찰과상, 화상 등에 효과가 뛰어나다고 한다. 일반에게 개방되는 온천탕만도 127곳이나 된다.

아타미 해안(熱海海岸)

온천만큼이나 아타미 해안은 유명하다. 미술관과 전시장, 매화공원, 기념관 등 볼거리도 많지만, 드넓은 백사장과 태평양을 마주하는 탁 트인 바다는 마음의 먼지까지 털어버릴 정도로 상쾌하다. 부호들의 개인요트가 정박해 있는 항구와 유람선 선착장, 어부들의 삶의 터전이 공존하는 해변은 늦여름까지 해수욕을 즐길 수 있다. 공원에는 신파극 〈이수일과 심순애〉의 원작인 〈곤지키야샤〉의 남녀주인공 조각상이 있어 눈길을 끈다.

아타미 성(熱海城)

아타미 시가지와 바다를 모두 조망할 수 있는 최고의 전망대이다. 아타미 산에 있는 아타미 성(熱海城)은 겉에서 보면 5층이지만 내부가 9층으로 이루어진 웅장한 성이다. 현재 성은 1959년 철근 콘크리트로 지어 역사적인 가치는 적지만 시내와 인근의 하쓰시마, 오시마, 사가미 만까지 조망할 수 있어 인기가 높다. 서양인형미술관과 밀랍인형관이 가까이 있어 함께 들러볼 만하다.

아타미성 관람시간 09:00~17:00, 입장료 성인 900엔, 중학생 400엔. 아타미성 인형관 성인 600엔, 중학생 300엔. 통합관람권 성인 1,100엔, 중학생 550엔.

*** 숙박**

온천지역인 아타미는 다양한 숙박시설을 갖추고 있어 료칸조합 홈페이지에서 정보를 얻으면 된다.

아타미 료칸조합(www.atamispa.com (한글지원))

아이오라(あいおら, www.aiola.jp) : 아티미역과 해변 가운데 위치한 호텔. 저렴한 가격대로 실속 여행객에게 최적이다.

이토호 호텔 아타미(伊東園ホテル熱海館) : 아타미역 앞의 호텔. 이동에 편리하고 가격도 저렴하다.

유후지야 호텔(ニューフジヤホテル) : 해변 조망이 멋진 노천탕이 있다. 대형숙박시설로 저렴하게 머물 수 있다.

나기사칸(渚館) : 요리점에서 시작한 료칸으로 식사가 훌륭하다. 야경과 해변을 조망할 수 있는 노천탕이 좋다.

*** 먹거리**

우오타미 아타미역점(魚民 熱海駅前店) : 항구쪽 신작로에 위치한 해물음식 체인점이다.

마사루(まさる) : 해변 다리 바로 앞의 일식집. 부담 없는 가격으로 생선회와 튀김류를 먹을 수 있다.

고바야시(こばやし) : 아타미역 앞 상점가의 일식집. 생선회와 해물요리가 맛있다.

나기사칸(渚館) : 음식점과 료칸을 겸업하는 일식집.

4 넷째 날

아타미 → 요코하마 → 나리타공항

아타미에서 식사 후 해변을 산책한다. 그리고 요코하마의 차이나타운을 둘러본 후 공항으로 이동한다.

요코하마(横浜)

www.yokohamajapan.com/kr (한글지원) : 에도 시대 말기(1859년), 개항지로 세계 최대 규모의 차이나타운으로 유명하다. 서쪽의 엔페이 문으로 들어가 면 화가의 상징인 젠린 문이 보이고 중심거리 약 700미터가 이어진다. 뒷골목에까지 사방에 중화요리점과 식품재료 도매상, 잡화점 등이 들어서 있다. 광동, 상하이, 사천 등 중국 각 지역의 요리를 맛볼 수 있다. 새로운 명소로는 매립지에 들어선 미나토미라아 21지구가 있다. 세련된 미술관, 쇼핑몰, 오피스 빌딩 사이로 바닷바람이 시원한 공원 산책로가 있고, 다양한 거리 공연이 펼쳐진다. 높이 296미터 69층의 랜드마크인 마크타워의 전망대에서는 요코하마의 멋진 야경을 즐길 수 있다.

* 차이나타운 - 요코하마 이시가와초역 하차. 랜드마크타워 - JR사쿠라기쵸역에서 도보 5분, 미나토미라이선 마나토미라이역에서 도보 2분.

*** 교통**
아타미 → 요코하마 :
JR 동해도본선으로 1시간 18분. 요코하마에서 나리타공항까지는 나리타 익스프레스로 1시간 32분 걸린다. 도쿄와이드패스 이용 가능.

19

#나가노현 가루이자와 #군마현 구사츠

느긋하고 우아하게 온천 여행

리조트와 온천의 성지로 불리는 나가노현 가루이자와와 군마현 구사츠. 도쿄에서 1~2시간 거리로 교통도 편리하고, 청정한 자연 속에서 호사스런 여유와 휴식을 즐겨보자. 일본 왕실과 문학가, 유명 인사들은 물론 존 레논도 가족과 함께 즐겨 찾았다는 가루이자와는 일본인들의 여름 피서 로망 중 하나이다. 19세기 말 선교사 알렉산더 쇼가 고향 스코틀랜드와 비슷한 풍경에 매료되어 별장을 지은 것이 가루이자와 휴양 리조트의 시작이라고.

구사츠 온천은 일본 최고의 온천이라 할 만한 곳이다. 온천탕 순례, 숲속의 노천탕, 거대한 온천밭과 산에 둘러싸인 마을의 풍광 등 온천에 관한 모든 것을 경험해 볼 수 있다. '관광'이 아니라 느긋하고 우아한 휴식을 할 수 있는 럭셔리 온천 여행을 떠나보자.

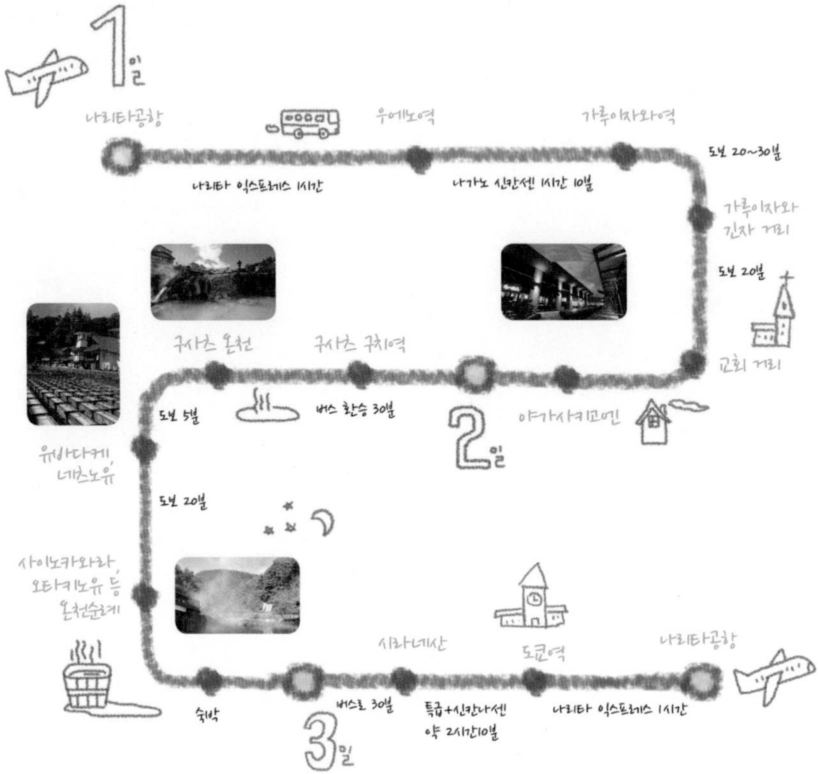

***2박 3일 추천 일정** 나리타공항(IN) – 가루이자와(1박) – 구사츠(1박) – 나리타공항 (OUT)

***추천 시기** 일본 최고의 휴양지와 온천인 가루이자와, 구사츠 여행은 사계절 어느 때 방문해도 좋다. 가루이자와는 봄과 가을은 물론 무더운 여름과 스키를 즐길 수 있는 겨울도 낭만적이고, 구사츠는 온천의 진수를 맛볼 수 있는 가을이나 겨울에 가는 것이 더 좋다.

***교통** **나리타공항 → 가루이자와 :** 나리타 → 우에노역(익스프레스 60분 소요). → 가루이자와역(나가노 신칸센 아사마 약 1시간 5분 소요)

하네다공항 → 가루이자와 : 하네다 → 하마마츠쵸(도쿄 모노레일 20분 소요) → 도쿄역(신칸센 이용) → 가루이자와역 (1시간 10분 소요).

우에노 → 가루이자와 : JR 우에노역에서 가루지이자와까지 신칸센으로 1시간 10분. 성인 5,490엔.

구사츠 → 도쿄 : 신주쿠행 버스가 가장 빠르고 편리하다. 6:00, 9:30, 11:30,13:30, 15:00, 17:00 출발, 3시간 45분 소요, 신주쿠역 남쪽 출구 하차. 요금은 요일에 따라 3,400~3,700엔(편도).
http://kusatsuonsen-international.jp/ko/access

가루이자와 → 구사츠온천 : ① 기차 가루이자와역 → 나가노하라 구사츠구치역(1번 승강장에서 약 1시간 30분) → 구사츠 온천행 버스. 편도 성인 2,240엔

② 버스 – 가루이자와역에서 구사츠행 버스(1시간 20분 소요. 2,200엔).
도쿄와이드패스가 없다면 버스가 저렴하다.

* **여행 정보** **가루이자와 :** karuizawa-kankokyokai.jp
www.town.karuizawa.nagano.jp/html/Korean/guide.html (한글지원)
구사츠 : www.kusatsu-onsen.ne.jp/guide/ko/access (한글지원) 버스터미널 앞의 관광안내소에서는 지도와 숙소 안내, 예약도 가능하다.

* **도쿄와이드패스** www.jreast.co.jp/KR/kantoareapass/index. html (한글지원) : 도쿄와 간토 지역을 커버하는 프리 패스이다.
신칸센과 특급 열차 등의 보통칸 지정석을 3일간 자유롭게 탈 수 있다.
3일권 15,000엔(4~12세 어린이 7,500엔). 후지산, 이즈, 가루이자와로 여행할 때 유용하다.

* **숙박** 가루이자와에는 고급 호텔과 료칸이 많지만 민박도 가능하다.
구사츠의 숙박은 고급 료칸이 다수이며, 소박한 료칸의 경우 저렴하다.
예약은 필수이며, 구사츠에서는 버스정류장 앞 료칸조합 안내소에서 저렴한 숙소를 안내받을 수 있다.
가루이자와 숙박 : www.karuizawa.or.jp
구사츠온천 숙박 : kusatsu-accommondations.jp/kor

* **교통** **구사츠 → 나리타공항 :** 구사츠에서 버스로 나가노하라 구사츠구치역에 도착, JR 아가츠마선(보통 84분, 특급 65분 소요)을 타고 타가사키 도착, 신칸센(59분 소요)으로 환승하여 도쿄역까지 간다. 아가츠마선은 1시간에 한 대가 운행되므로 미리 시간표를 확인한다.

나가노 신칸센.

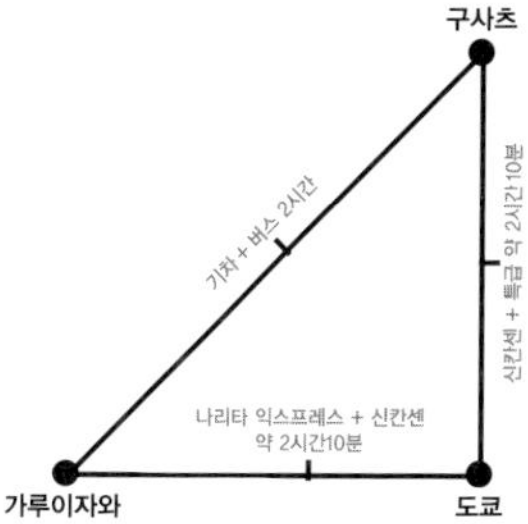

가루이자와역 인근의 아울렛 프린스 쇼핑 프라자.

옛 가루긴자(旧軽銀座)

역을 나와 한참 걷다보면 '가루이자와 긴자'라고 불리는 번화한 상점가가 나타난다. 이곳은 가루이자와의 시내라고 할 수 있는데, 앤티크 가게와 고급 브랜드숍, 멋진 레스토랑이 즐비하다. 약 500미터에 이르는 거리 양쪽으로 상점들이 늘어서 있다. 이 길 끝에는 전나무와 낙엽송이 있는 숲 속의 고풍스런 별장지가 있다. 서양식 저택에서 모던 하우스까지 다양한 별장들이 조용한 분위기의 숲 속에 자리잡고 있다.

* 가루이자와역에서 도보 20분, 자전거 5분.

1 첫째 날

나리타공항 → 가루이자와 숙소 체크인 가루긴자, 숲속 산책

나리타공항에서 도쿄역이나 우에노역을 경유하여 가루이자와로 이동한다. 다양한 상점이 모여 있는 옛 가루긴자의 상점가와 숲속 교회를 돌아보며 산책한다.

쇼 기념교회(ショー 記念礼拝堂)

www.movie.antrip.jp : 가루이자와 긴자 상점가 끝자락에는 낙엽송으로 둘러싸인 작은 교회가 있다. 1895년에 지은 가루이자와 최초의 성공회 교회로, 선교사 알렉산더 쇼가 거주했던 별장과 관사도 남아있다. 별장과 관사에는 초기 가루이자와 지역의 모습과 선교사의 생활을 엿볼 수 있는 사진과 생활용품 등이 전시되어 있다.

* 가루이자와 긴자 로터리에서 도보 10분.
9:00~17:00. 연중무휴, 주일 예배시간에는 여행객 제한.

무로우 사이세이 기념관(室生犀星 記念館)

쇼 교회 앞 작은 골목을 걷다보면 기념관이 나온다. 가나자와 출신의 시인이자 소설가였던 무로우 사이세이는 해마다 이곳을 찾아 열정적인 창작활동을 했다고 한다. 그가 거처했던 곳을 기념관으로 개조하여 공개하고 있는데, 호젓하고 아름다운 건물에서 쉬어갈 수 있다. 사이세이는 초등학교를 중퇴하고 가나자와 지방 재판소 급사로 사회생활을 시작했다. 1904년 신문에 시와 단가를 발표하면서 등단하였고,《사랑의 시집》,《서정소곡집》,《제 2사랑의 시집》등을 발표하였다.

* 가루이자와 긴자 로터리에서 도보 10분. 4월 29일 ~ 11월 3일, 9:00~17:00, 11월 4일 ~ 4월 28일 휴관. 무료관람.

성 바울 성당(聖パウロ教会)

옛 가루긴자 처치스트리트 뒤편에 자리하고 있다. 1935년 영국인 신부 워드가 설립한 성당으로, 가루이자와를 대표하는 종교 건축물 중 하나이다. 독특한 외관과 뾰족한 삼각 지붕 위에 세워진 첨탑이 가장 눈길을 끈다. 미국건축학회상을 수상한 건물로, 호리 다츠오(堀辰雄)의 작품《키노주지카(木の十字架)》에 등장하여 더욱 유명해졌다.

* 연중무휴 개방, 주일 미사 시간은 여행객 제한.

야케사키 고엔(矢ケ崎公園)

가루이자와역 동북쪽에 자리한 야가사키 공원은 인공적으로 조성해 놓은 호수를 중심으로 여러 시설을 갖추어 놓은 다목적 공원이다. 휴식을 즐길 수 있는 넓은 잔디밭과 의자, 산책로도 매력적이지만 이상적인 음향을 재현하기 위하여 낙엽송으로 실내를 꾸민 오오가 홀과 호수에서 바라본 주변 풍경이 멋지다.

* 가루이자와역에서 도보 5분, 자전거로 2분. 연중무휴, 24시간 개방. 관람료 무료. 오오가 홀은 공연시간에 따라 개방시간이 다르다.

옛 미카사 호텔(旧三笠ホテル)

www.town.karuizawa.lg.jp : 숲길을 따라 계속 가다보면 옛 미카사 호텔이 나온다. 휴양 도시 가루이자와를 대표하는 호텔 건물로 지은 지 100년이 넘었다. 국가 중요문화재로 지정된 이 건물은 1906년 지어져 64년 동안 호텔로 이용되었다. 일본 최고의 목조양식 호텔로 평가받고 있는데, 내부에는 당시 사용하던 여러 타입의 객실과 로비 등이 잘 보존되어 있다.

* 9:00~17:00, 12월 28일~1월 4일 휴관. 성인 400엔, 어린이 200엔.

호리 다츠오 문학 기념관(掘辰雄 文學記念館)

www.town.karuizawa.lg.jp : 20세기 모더니즘 계열의 소설가 호리 다츠오가 만년에 세상을 떠날 때까지 살던 집과 서고 등을 문학관으로 개방하고 있다. 1930년《성가족》으로 문단에 데뷔한 그는 19살부터 결핵을 앓았다. 가루이자와 요양원에서 약혼녀를 잃고 쓴 애절하고 순수한 사랑을 담은 소설《바람이 분다》와《아름다운 마을》,《일기》,《나오코》 등 대표작을 만날 수 있다. 아쿠타가와 류노스케의 제자였고, 릴케와 모리아크의 영향을 많이 받았다. 그 역시 여러 분야의 예술가들에게 영향을 주었는데,《상실의 시대》를 집필한 무라카미 하루키와 미야자키 하야오가 대표적이다. 최근작 애니메이션인〈바람이 분다〉도 호리 다츠오의 이야기를 모델로 했다고 한다.

* 9:00~17:00 매주 수요일, 공휴일, 연말연시. 휴관(7월 15일~10월 31일까지 무휴). 성인 400엔, 어린이 200엔.

*** 숙소**

www.karuizawa-kankokyokai.jp
최고 리조트 지역으로 고급 숙박시설이 주류를 이룬다.

가루이자와에키마에(アパホテル 軽井沢駅前) : 가루이자와역에서 200미터 떨어진 체인호텔. 비용대비 실속있으며, 교통도 편리하다.

만페이 호텔(万平ホテル) : 쇼기념관에서 400미터 떨어진 한적한 곳의 전통호텔. 120년 역사를 자랑하는 목조 건물로 편안하고 푸근함이 느껴진다.

호시노야 가루이자와((軽井沢 星のや) : 호시노 온천지역에 있는 가루이자와 대표 리조트 타입 숙박시설. 조용한 휴식에 더없이 좋다.

츠루야 료칸(つるや旅館) : 에도 초기에 문을 연 400년 역사의 전통 료칸. 료칸의 진수를 경험할 수 있는 곳으로 쇼기념관 옆에 위치해 있다.

*** 먹거리**

하루니레 테라스(ハルニレテラス) : 온천 계곡을 따라 호시노야 리조트에서 운영하는 음식점과 카페, 쇼핑몰 등이 모여있다. 소바집 카와카미안, 마루야마 커피, 젤라또 전문점 퓨어밀크 나가이팜, 북카페 등이 있다.

촌민식당(村民食堂) : 호시노 온천 앞의 음식점 겸 카페. 간단한 식사와 커피 등이 있다.

스즈노네(涼の 音) : 무로우 사이세이 기념관 앞의 분위기 좋은 카페. 샐러드와 스테이크, 케이크 등 다양한 음식과 차를 마실 수 있다.

이즈쯔야 : 처치스트리트 식당가의 레스토랑. 와규 스테이크와 햄요리 등을 판다.

아라카레(ア·ラ·ブール) : 나가가루이자와역 앞의 카레전문점. 인도에서 직접 수입한 재료로 만든 10여 종의 카레를 맛볼 수 있다.

처치거리 : 라멘 전문점부터 일식, 양식, 중식을 취급하는 음식점이 몰려있다.

파파 드 포코 : 쇼 기념관에서 무로우 사이세이 기념관 사이에 위치한 아담한 음식점. 스테이크, 스파게티, 샐러드 등을 판다.

2 둘째 날

가루이자와 → 구사츠 온천 → 유바다케, 네츠노유, 온천박물관,
사이노카와라 노천탕

가루이자와의 주요 명소는 거리가 꽤 멀어 자전거로 둘러보는 것이 가장 좋다. 자전거를 타고 아침 풍경이 아름다운 쿠모바이케로 가보자. 숲 속의 작은 호수는 계절마다 모습을 달리한다. 오전에 구사츠로 이동하여 유바다케, 네츠노유 등을 돌아보고 온천을 하며 쉬어가자.

쿠모바이케(雲場池) :

백조의 호수라는 애칭을 간직한 쿠모바이케는 가루이자와 서쪽에 자리한 아담한 호수다. 신록으로 가득한 늦봄과 단풍이 호수에 비치는 가을 풍경이 유독 아름답다. 쿠모바이케의 매력을 만끽하려면 호수를 따라 조성해 놓은 산책로를 걸어보자. 산책로를 걷다보면 숲 속의 개성이 넘치는 별장과 잔잔한 호수 위에서 한가롭게 시간을 보내는 백조와 오리 가족도 볼 수 있

* 가루이자와역에서 도보 30분, 자전거 7~8분.

네츠노유(熱の湯)

구사츠의 명물이자 온천문화를 체험할 수 있는 곳이다. 옛날 구사츠온천에서 살던 주민들이 '구사츠부시'라는 민요를 부르며 나무판으로 온천수를 휘저어 식히던 유모미를 재현하여 공연하고 있다. 하루에 4~6회 공연이 있는데, 구사는 폭 40센티미터, 길이 1.8미터의 긴 나무판으로 온천수를 저으며 노래와 간단한 춤사위를 곁들인다. 노동을 즐거운 놀이로 만든 옛사람들의 지혜를 엿볼 수 있다. 공연도 보고 직접 나무판으로 온천수를 식히는 체험도 할 수 있다.

* 유바다케 앞. 4월 1일~11월 30일 (1일 4회, 10:00/10:30/15:30/16:30). 성인 600엔 12월 14일~3월 31일(9:30/ 10:00/ 10:30)

유바다케(湯畑)

온천 밭이란 의미를 지닌 유바다케는 구사츠를 상징하는 장소이다. 유황 냄새가 진동하는 유바다케는 온천왕국 일본에서조차 찾아볼 수 없는 대규모 온천수로 1분에 5,000리터를 분출한다. 둘레가 400미터에 달하며 대규모 유바다케에서는 연중 코끝을 자극하는 유황이 풍부한 온천수가 피어올라 온천 분위기를 만끽하기에 그만이다. 한편 주변에는 자유롭게 족욕을 즐길 수 있는 공간과 수증기를 뿜어내는 온천폭포 유타키 등이 있다.

* 24시간 개방. 구사츠 중심지.

오타키노유(大滝乃湯)

유바다케 남쪽에는 구사츠 온천을 대표하는 오타키노유가 있다. 다양한 온천탕을 갖춘 오타키노유는 온천백화점이란 애칭에 걸맞게 대욕탕, 냉수욕탕, 노천탕, 폭포탕, 가족탕, 사우나와 헬스 시설이 있어 여유롭게 휴식을 즐길 수 있다. 오타키노유를 상징하는 온천탕은 이름에서도 알 수 있듯 큰 폭포를 바라보는 노천 온천이다.

* 유바다케에서 도보 6분. 9:00~21:00 연중무휴. 성인 800엔, 어린이 400엔.

사이노카와라 노천탕(西の河原露天風呂)

울창한 숲과 공원에 둘러싸인 최고의 노천탕이다. 사이노카와라 공원에서 산책로를 따라가면 사방이 숲으로 둘러싸인 넓은 노천탕인 사이노카와라가 보인다. 100~200명은 동시에 온천욕을 즐길 수 있을 정도의 큰 규모로, 대자연에서 온천의 즐거움을 만끽할 수 있다. 이곳 온천수는 피부병, 부인병, 류마티즘 등에 효능이 있다고 있다.

* 유바다케에서 도보 15분.
4~11월 7:00~20:00, 12~3월 9:00~20:00. 연중무휴. 성인 500엔, 어린이 300엔.

*** 숙박**
숙박 정보는 www.kusatsu-accommodations.jp/kor/onsen (한글지원)

고아칸(興亞館) : 유바다케와 오타키노유 사이의 소규모 료칸. 편하게 쉴 수 있다.
구사츠칸(草津館) : 유바다케에서 가까워 객실에서 유바다케가 보인다.
에키나리야(益成屋) : 유바다케 인근 아담한 규모의 료칸. 온천욕만도 가능하다.
나라야(奈良屋) : 고즈넉한 분위기와 맛깔스러운 음식은 물론 극진한 서비스를 제공하는 전통료칸으로, 유바다케에 인접해 있다.
야마모토칸(山本館) : 유바다케 근처 전통료칸으로, 독특한 외관과 실내 분위기만으로도 분위기를 만끽할 수 있다.

*** 먹거리**
아오야마(あおやま) : 유바다케에서 남쪽으로 5분 거리에 자리한 소바전문점으로 다양한 소바를 저렴하게 즐길 수 있다.
소바키치 사이노카와라점(そばきち 西の河原店) : 유바다케에서 사이노카와라 노천탕으로 가는 길을 따라 5분쯤 이동하면 만날 수 있는 메밀국수 음식점이다.
마코트 스시(眞すし) : 유바다케와 오타키노유 중간에 자리한 소박한 일식집으로 생선과 참마, 산채 등을 이용한 점심세트가 인기가 높다.
리스토란테 알로도덴드로(リストランテアルロドデンドロ) : 이탈리아 레스토랑으로, 야채와 고기가 어우러진 음식을 즐길 수 있다.
이자카야 다니사키(居酒屋 たに咲) : 유바다케에 가까운 곳에 위치한 이자카야로 부담 없이 편안하게 간단한 음식과 음료를 즐길 수 있다.

3 셋째 날

구사츠 시라네 산 → 온천자료관 → 도쿄역 → 나리타공항

구사츠에서 가까운 명산, 시라네 산은 아름다운 호수와 숲으로 유명하다. 계절마다 아름다운 풍경이 펼쳐져 언제 가도 좋다. 아침 산책 겸 신선한 공기를 만끽하며 걸어보자. 버스터미널에 있는 온천자료관을 둘러본 다음 도쿄로 이동한다.

시라네 산(白根山)

구사츠 터미널에서 버스를 이용해 30분쯤 이동하면 명산 시라네 산을 만날 수 있다. 해발 2,171미터에 이르는 시라네는 봄과 여름에는 능선과 고원에 들꽃이 만발하고 가을이면 단풍이, 겨울에는 온통 설국으로 변한다. 시라네 산의 최고 자랑거리는 해발 2,160미터에 위치한 유가마(湯釜)이다. 지상 최고의 산성도를 자랑하는 유가마 호수는 직경 300미터에 깊이 30미터에 에메랄드 빛으로 수많은 방문객을 불러 모은다.

* 4~11월 07:00~20:00, 12~3월 09:00~20:00. 7월 21일~8월 20일은 07:00~21:00, 연중무휴. 구사츠 버스터미널에서 버스로 30분. 첫차 9:00.

온천자료관(温泉資料館)

구사츠의 관문인 버스터미널 3층에는 온천에 관한 정보와 이곳을 찾은 유명인과 문학가, 예술가에 관련된 자료를 전시해 놓은 온천자료관이 있다. 과거 쇼군에게 바치던 온천수의 온도를 조절하는데 쓰던 도구들, 온천수를 정화시키는 과정을 쉽게 설명해놓아 일본 온천 지역의 자료관 중에서 최고 수준이다.

* 9:00~16:30, 연중무휴, 성인 200엔.

20

#나가노현 마츠모토 #시부온천

숨은 보석 같은 곳

일본 국토의 한가운데 위치한 나가노현은 나가노 동계 올림픽으로 잘 알려진 곳이다. 나가노현의 남쪽 마츠모토시와 북부 나가노시, 시부온천을 돌아보는 이 코스는 대자연의 아름다움과 소도시의 여유로움을 함께 느낄 수 있다. 일본 3대 고찰인 젠코지가 있는 나가노에서 원숭이도 온천을 즐긴다는 시부온천으로 이어지는 길은 일본 산간지방의 이색적인 풍광을 만끽할 수 있다. 한편 마츠모토는 소도시이지만 오랜 고성과 대를 이어온 노포들과 전통 공방 거리가 있고, 북알프스라 불리는 웅장한 산자락이 펼쳐진 온천 마을과 지역 먹거리도 풍부해 구석구석 알찬 여행지이다.

***2박 3일 추천 일정** 나리타공항(IN) – 시부온천(1박) – 마츠모토(1박) – 나리타공항(OUT)

***추천 시기** 겨울 스포츠의 중심지 나가노와 인근 시부온천, 원숭이 공원을 둘러보려면 가을이나 겨울이 좋다. 반면 문화 도시 마츠모토와 북알프스라 불리는 이 지역은 봄과 여름도 좋다.

***교통** 나리타공항에서 도쿄 시내로 들어와 나가노까지는 신칸센과 고속버스로 갈 수 있다. 신칸센은 1시간 40분, 고속버스는 신주쿠역, 이케부쿠로역 고속버스터미널에서 3시간 45분~4시간이 소요된다. 신칸센 편도 자유석 8,140엔(버스 요금 회사와 할인제도에 따라 2,600~4,000엔).

신칸센이 빠르고 편하지만 요금이 비싸므로, 갈 때는 신칸센, 올 때는 고속버스를 이용하는 것도 좋다.

나리타공항 → 나가노 : 우에노역까지 나리타 익스프레스(약 1시간)로, 신칸센 환승하여 나가노로 이동한다. 전체 2시간 25분~3시간 5분 소요.

도쿄 → 나가노 : 신주쿠와 이케부쿠로 고속터미널에 3개의 버스 회사가 나가노 노선을 운행하고 있다. 2,600~4,000엔. 3시간 45분~4시간 소요.

버스 회사 홈페이지 : www.alpico.co.jp/kbc **선샤인투어(サンシャインツアー) :** www.sunshinetour.co.jp **나가덴고속버스(長電高速バス) :** www.nagadenbus.co.jp **카와나카지마버스(川中島バス) :** www.alpico.co.jp/kbc에서 상세 시간표를 확인하자.

나가노 → 시부온천 : JR 나가노역 앞 옆 버스 정류장에서 시부온천까지 50분.

나가노 → 마츠모토 : JR 특급으로 1시간 30분, 보통열차 1시간 55분. 기차에 따라 1,170~3,270엔.

마츠모토 → 도쿄 : JR 특급 아즈사로 신주쿠역까지 2시간 30분~3시간 소요. 자유석 2,300엔. 버스로 3시간 30분 소요. 회사와 시즌에 따라 3,700엔~4,000엔.

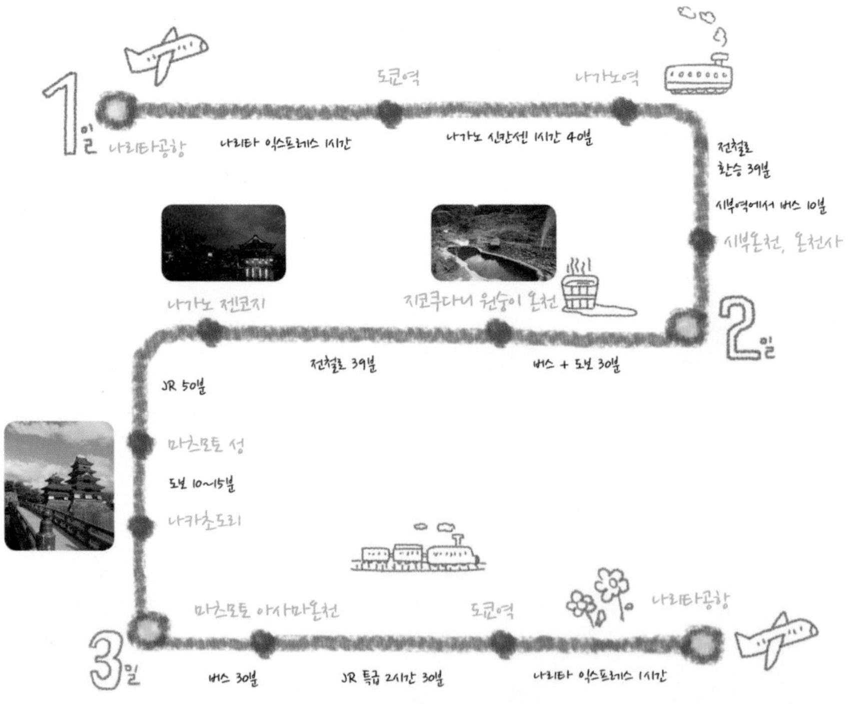

*** 여행 정보**	**나가노 :** www.go-nagano.net **시부온천 :** www.shibuonsen.net (한글지원) **마츠모토 :** www.visitmatsumoto.com/ko (한글지원)
***숙박**	시부온천에는 유서 깊은 온천료칸이 많으며 관광안내소에서 숙소 정보를 제공한다. 마츠모토는 도심의 비즈니스호텔이, 아사마 지역은 료칸이 주류를 이룬다.

나가노역행 버스.

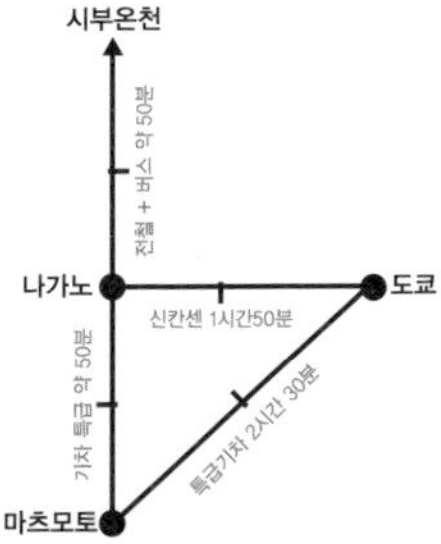

시부온천 거리.

1 첫 째 날

나리타공항 → 나가노 경유, 시부온천

온천 왕국 일본에서는 원숭이들이 온천을 즐기는 자연 공원이 있다. 흰눈을 맞으며 온천하는 원숭이 사진을 본적이 있는가? 놀라운 그곳이 바로 시부온천이다. 나리타공항에서 시부온천까지는 나가노를 경유한 꽤 먼 거리이므로 온천을 하며 느긋하게 피로를 풀자.

시부온천(渋温泉)

나가노에는 독특한 온천이 여러 곳 있는데, 그 중에서도 시부온천과 인근의 원숭이온천이 특히 그렇다. 지고쿠타니는 울창한 숲으로 둘러싸인 계곡에 온천이 솟아나는 곳으로, 야생 원숭이들이 온천을 즐겨 자연공원으로 지정하여 보호하고 있다. 시부온천에서 버스로 5분 거리에 있어 가벼운 트레킹 코스로도 좋다. 시부온천은 1,300년의 역사를 자랑하는 유서 깊은 온천 마을이다. 9개의 외탕이 마을 곳곳에 있어 숙박객은 무료로 이용할 수 있다는 것도 큰 장점이다. 어둠이 내리고 유카타를 입고 골목을 거닐며 온천 순례를 즐기는 것은 온천 여행의 가장 큰 즐거움이기도 하다. 시부온천 인근의 5킬로미터 이내에는 9곳의 온천마을이 모여 있고, 수량도 풍부하고 수질도 뛰어나다.

온천사(溫泉寺)

마을 안쪽의 온천사 경내에는 다른 절에서 볼 수 없는 온천과 연관된 도구와 용품이 전시되어 있다. 더욱 흥미로운 것은 귀와 코, 눈을 가리고 있는 귀여운 세 마리의 원숭이 조각상이다. 온천사 입구에는 24시간 흰 수증기를 피우며 원천수가 솟아오르고 있다.

*** 먹거리**

대부분 아침 저녁은 료칸에서 식사를 하고, 점심은 마을 식당에서 먹는다. 마을에는 음식점 8곳이 있다.

야리야(やりや) : 온천가 중앙에 위치한 식당으로 소바와 우동이 주메뉴이다.

타마가와(玉川) : 야리야 건너편의 소바 전문점. 담백한 소바를 먹을 수 있다.

코즈시(幸鮨) : 버스정류장 앞의 아담한 초밥집.

*** 숙소**

www.shibuonsen.net (한글지원) 시부온천에서는 료칸을 추천한다. 저녁과 아침식사가 제공되고 투숙객은 마을 공동온천을 무료로 이용할 수 있다.

하쿠진야(白銀屋旅館) : 360년 넘게 이어온 료칸. 4대가 함께 운영하며 편안하고 친절한 서비스가 인상적이다.

가나구야(金具屋) : 미야자키 하야오 애니메이션의 무대가 되었던 고풍스러운 료칸. 9대째 이어오고 있다.

고쿠야(古久屋) : 오랜 역사를 자랑하는 료칸으로, 음식과 극진한 서비스가 유명하다.

이치노유 가테이(一乃湯果亭) : 오래된 료칸이지만 새로 단장해 시설이 깨끗하다.

2 둘째 날

지고쿠타니 원숭이온천 → 나가노 젠코지 → 마츠모토. 숙소 체크인 후 마츠모토 성과 나카초도리 산책

아침 식사와 온천을 즐긴 후 지고쿠타니 온천을 들러 나가노로 간다. 일본 3대 사찰인 젠코지를 둘러보고 점심 후 마츠모토로 이동한다. 그리고 아름다운 마츠모토 성과 마츠모토의 자존심을 이어온 노포들이 가득한 나카초도리에서 여유있는 시간을 보낸다.

지고쿠타니 원숭이온천(地獄谷野猿温泉)

jigokudani-yaenkoen.co.jp: 세계적으로도 유명한 원숭이온천. 수백 마리의 원숭이가 야생으로 서식하는 곳이다. 어느 때 찾더라도 온천욕을 즐기는 원숭이 가족을 볼 수 있다. 공원 입구에서 온천이 있는 곳까지는 3~4백 미터 거리이며, 지고쿠타니 원숭이온천 입구에 대를 이어 운영하는 료칸, 고락구칸이 자리하고 있다. 지고쿠타니 온천 계곡의 유일한 료칸으로, 이곳의 노천탕에서 온천을 하고 지고쿠타니 원숭이온천과 공원을 둘러보는 것도 큰 즐거움이다.

* 시부온천에서 버스로 5분, 4~10월 8:30~17:00, 11~3월 9:00~16:00, 입장료 성인 800엔, 어린이 400엔.

젠코지(善光寺)

나가노 시를 상징하는 젠코지는 642년에 창건된 일본 3대 고찰이다. 다이혼칸을 중심으로 다이칸진 등 39동으로 이루어진 큰 규모로, 아미타여래 삼존불상이 안치된 본당이 국보로 지정되어 있다. 남아있는 목조 건축물 중 세 번째로 큰 규모를 자랑하는데, 1179년의 화재로 초기 건물은 소실되고, 1707년에 재건하였다. 많은 참배객이 찾는 젠코지는 어느 종파에도 속하지 않은 무당파 사찰로도 유명하다.

* 나가노역에서 버스 10분. 도보 30분.
경내 9:00~16:00. 연중무휴, 성인 500엔.

마츠모토 성(松本城)

www.visitmatsumoto.com/ko/spot/castle

당당하고 기품있는 마츠모토 성을 보고 나면 왠지 마츠모토의 인상마저 좋아진다. 봄에는 벚꽃이 피어 아름답고 밤에는 조명이 있어서 더욱 멋진 모습이다. 남아있는 일본 성 가운데 가장 오래된 평성으로, 1,594년 완공되었다고 한다. 특히 천수각은 처음 지어질 당시의 모습을 간직하고 있어 에도 시대 이전의 일본 성의 형태를 알 수 있는 중요 부분으로 평가되고 있다. 국보로 지정된 성에는 전시장이 마련되어 있다.

* 마츠모토역에서 도보 15분, 버스 5분. 8:30 ~ 17:00, 성인 610엔,
중학생 300엔. 연말연시 휴관(12월 29~1월 3일)

옛 카이치 학교(旧開智學校)

마츠모토 성에서 5분 거리에 옛 카이치 학교가 있다. 1873년부터 1963년까지 초등학교로 사용되었던 건물이다. 현존하는 일본 초등학교 건물 중 가장 오래된 것으로, 문화·교육도시인 마츠모토의 당시 모습을 볼 수 있다. 외관은 기상관측소를 연상시키는데, 기와 지붕에 구름과 용 문양이 아주 독특하다. 건물 안에는 책상과 걸상을 비롯하여 당시 교복과 교과서 등이 전시되어 있다.

* 마츠모토 성에서 도보 10분. 8:30 ~ 16:30.
월요일 휴관, 성인 400엔, 중학생 200엔.

나카초도리(中町通り)

www.mcci.or.jp : 마츠모토역과 마츠모토 성을 잇는 길에 대를 이어가며 가게를 운영하는 노포들이 줄을 잇는다. 나카초도리라 불리는 이 거리에는 마츠모토의 자랑인 도자기와 유리공예, 가구, 과자, 민예품, 전통술을 파는 상점이 늘어서 있다. 흥미로운 상점 외에도 동서양의 저울을 전시해 놓은 하카리 자료관 등이 자리하고 있다.

* JR 마츠모토역에서 도보 10분.

*** 숙소**
다양한 숙박 시설이 있다.
www.visitmatsumoto.com/ko (한글지원)
지모토야(地本屋) : 아사마온천의 조용한 료칸. 저렴해 인기가 높다.
기쿠노유(菊之湯) : 아사마온천의 료칸. 나무로 만든 로비가 멋지고, 서비스도 푸근하다.
사카모토노유(坂本の湯) : 아사마온천의 고급 료칸. 서비스와 음식 모두 뛰어나다.
호텔 리다야 : 마츠모토역 앞의 비즈니스호텔. 이동이 편리하다.
에이스 인 마츠모토(Ace Inn Matsumoto, www.ace-inn.net) : 마츠모토역 건너편의 깨끗하고 저렴한 숙소.

*** 먹거리**
나가노의 젠코지 앞에서 향토음식을 먹어보자. 마츠모토는 신슈 소바의 본고장으로, 오랜 역사를 자랑하는 분위기 좋은 음식점이 많다.
신슈 지바에(信州ジビエ) : 야생 사슴과 멧돼지 요리점. 신슈지바에 협회 회원들이 운영하는 곳으로 인기가 높다.
몬젠사요 야요이자(門前茶寮 弥生座) : 젠코지 입구에 위치한 향토음식점. 채소와 소고기를 나무 찜통에 찐 요리가 인기있다.
다카기 소바(あおや そば) : 관광안내소 인근의 소바집. 맛있는 소바와 도시락 등을 저렴한 가격으로 즐길 수 있다.
가츠갱(かつ玄) : 다카기 소바와 가까운 거리의 돈가스집. 나가노현 등 여러 곳에 체인점을 둘 정도로 맛이 뛰어나다.
이이다야(いいだや) : 마츠모토역 4층의 소바집. 소바와 우동 등 면류를 판다.

3 셋째 날

마츠모토 성과 시내 → 아사마온천 → 나리타공항

마츠모토에서 20분 거리에 시골 마을의 푸근함이 느껴지는 아사마 온천이 있다. 이른 아침 온천을 즐긴 후 도쿄로 이동한다.

아사마온천

천년의 역사를 자랑하는 아사마 온천은 도심에 자리하고 있어 많은 이들이 찾는다. 도심에 있지만 북부 알프스라 불리는 산들이 둘러싸고 있어 풍광이 좋고, 거리와 상점가의 분위기도 편안하다. 오랜 역사를 보여주듯 대형 온천 호텔과 료칸이 많고, 대중온천탕인 비와노유를 비롯해 여러 온천탕이 있다.

* JR 마츠모토역 앞 버스터미널에서 아사선, 신아사선으로 18~20분

일본 주말 여행

개정판 2쇄 펴낸날 2024년 11월 10일

지은이 이형준
펴낸이 정원정, 김자영
편집 홍현숙
디자인 나나바나, 이유진

펴낸곳 즐거운상상
주소 서울시 중구 충무로 13 엘크루메트로시티 1811호
전화 02-706-9452 **팩스** 02-706-9458
전자우편 happydreampub@naver.com
인스타그램 @happywitches
출판등록 2001년 5월 7일
인쇄 천일문화사

ISBN 979-11-5536-216-7 13980

* 이 책은 《일본 주말 여행》(2014)의 개정판입니다.
* 책값은 뒤표지에 있습니다.
* 파본된 책은 구입처에서 교환할 수 있습니다.
* 전자책으로 출간되었습니다.